THE INNER GAME OF WORK

focus, learning, pleasure and mobility in the workplace

如何实现
工作自由

[美] W. 提摩西·加尔韦　W. Timothy Gallwey　著

王漪虹　译

华夏出版社
HUAXIA PUBLISHING HOUSE

如何实现工作自由

目 录

推荐序 / 001

致谢 / 001

前言　追求自由工作 / 001

第一章　更好的改变方式

内在游戏的起源 / 003

发现两个自我 / 004

自我干扰的循环 / 006

找出更好的改变方式 / 007

无数意想不到的应用 / 012

从体坛到职场 / 013

内在游戏与外在游戏 / 014

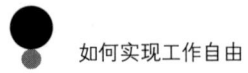
如何实现工作自由

第二章 当内在游戏遇上商业巨擘

搞清企业改革的阻力 / 023

工作环境：三种对话 / 024

在贝尔母公司的文化中工作 / 028

话务工作的内在游戏 / 030

敞开心扉，接纳自我2 / 035

第三章 注意力集中法

自我2的专注 / 039

自我1的分心 / 040

ACT三角与自我2专注 / 043

为专注创造"内在环境" / 047

第四章 专注力练习

专注于关键变量 / 056

第五章 重新定义工作

你对"工作"的定义有何不同？ / 072

你怎么定义"工作"？ / 073

重新定义工作：一项练习 / 075

给工作换个定义有什么好处？ / 075

新的工作定义的基石 / 076

找到工作铁三角中的平衡点 / 095

目 录

第六章　由从众到流动

打破从众的初次尝试 / 100

认清自我 1 和自我 2 的差异 / 106

EF：我的高管友人 / 108

第七章　学会"暂停"

表现的动量 / 129

"暂停"：工具王中王 / 131

退离峡谷剑战 / 131

"暂停"的阻力 / 137

何时使用"暂停" / 138

第八章　像CEO一样思考

谁才是公司里最重要的人？ / 151

第九章　教练指导

这是谁的问题？ / 163

换位思考：教练的基础法宝 / 167

教练指导：提升流动能力的对话 / 172

内在游戏教练的作用 / 178

内在游戏教练的工具箱 / 179

做自己的教练 / 184

第十章 与生俱来的野心

人之初,欲自生 / 196

聆听你感受到的欲望 / 203

解脱的自由与无限制的自由 / 208

推荐序

彼得·布洛克

如今,商业活动发生了翻天覆地的变化,适应能力和思维转变能力都是我们成功的关键。难点在于,要如何将秉承连贯性、可控性和可预测性的企业文化转变成注重学习、期待惊喜和鼓励探索的企业文化。

《如何实现工作自由》有助于我们定义"学习型组织"的全貌。那些有魄力、有毅力并致力于了解学习这回事的管理者或员工们,都能在本书中找到理论和实践方法,学会将学习型组织的目的转变为日常鲜活体验。

许多创建学习型组织的传统策略都会涉及业余活动。我们举办培训活动、设立特定项目和会议来创建学习文化。但这些努力却会产生副作用,会强化一种狭隘的观念——学习和实践是相互独立且对立的两项活动。我们在"付诸多少用于学习"和"同时又不妨碍生产"这两者之间挣扎。我们会担心学习的"转化"问题:要如何将所学知识"带回"工作中。内在游戏让我们认清,学习和实践是一个整体的两个部分,它化解了二者之间的矛盾关系。

从最开始,提摩西·加尔韦关于学习的见解就非常独到且实用。1976年,提摩西·加尔韦的《身心合一的奇迹力量》深刻改变了我对很多事情的思考方式,不仅仅是网球。即便在23年后,其影响仍然重大。该书第一次让我知道,我们提升自我、提高绩效的种种努力,实际上却是我们实现所

愿的干扰因素。提摩西的理论挑战了我们所相信的教与学的理念。他指出，我们所进行的许多教导工作，实际上并不利于学习。《如何实现工作自由》将这套理念带入职场。

标准的教学和教练法会降低绩效，这个观点可以说是相当激进了。许许多多的教育机构和工作单位都严重依赖操作指南和指示说明，那么，当所有努力都无法起到改进作用时，我们就要注意一下了。此外，若是指示说明不起作用，那什么才有用呢？许多作家在其著作中都描述了当下的问题，可每每说到切实可行的替代方案时，他们就变得理论化或抽象化了。

提摩西这本书的特别之处在于，作者不仅阐明了干扰因素的本质，还给我们提供了促进学习、提高绩效的具体方法，从而最大限度地降低了我们对操作指南和指示说明的依赖。这正是他的天才之处。他很了解我们是如何学习的，并穷其一生创造了多种方法，使我们可以无须管理自己就能获得更大的成就。内在游戏改变了许多人与工作的关系，也许更重要的是，它为组织机构提供了一套方法——既提供学习机会，又能提高绩效，同时造就更令人满意的工作环境。

转变为学习型的文化至关重要。这需要绝大多数人都有这种意识，要求管理者深刻认同，并愿意为学习和绩效表现而下放一部分管控权。内在游戏的挑战在于它需要信念的支撑，还需要摒弃大量的坏习惯。内在游戏要求我们注重意识和觉知，并关注我们内心和周围正在发生的事情。这项任务并不简单。在我们西方的文化中，但凡提及"意识"和"专注"，就会被贴上"新时代"的标签，而相关理论也会被看作另一种形式的"加州梦"，被人们抛诸脑后。但，内在游戏不是。

最根本的问题在于，职场中有怎样的可能？我们能不能既展现卓越的绩效，又高度享受其中，并兼顾高质量的学习？由此引出了一个更深层次的问题——工作的目的是什么？工作的目的是为了实现组织机构的运营效果——更丰厚的利润、更优质的服务以及市场主导地位吗？经济学家、金融界和商业媒体对这个问题的回答用五个字就能概括：一切朝钱看。

不过，对大多数人来说，工作的目的更为复杂。他们承认金钱的必要性，但工作的意义绝不只是装满荷包。人们关心企业文化和人际关系，在乎是否有发掘他们潜力的机会，是否有学习和提升技能的机会。我们经常把这二者视为管理层和普通员工之间的矛盾，但这并不是真正的问题。真正的问题是个人的内在冲突。我们总在纠结，是应该追求结果，还是应该享受令人满意的过程？

对此，内在游戏给了人们希望。提摩西不断地问：我们在玩什么游戏？我们能在玩一场满意的内在游戏的同时，满足外部游戏的要求吗？

然而，若要找到内部和外部之间的契合之处，就得进行一些全新的实验。我们需要尝试用新的结构、新的做法和新的方式来应对这个复杂的问题。

多年前，我和提摩西参加了一场美国某知名企业的全国销售大会。众所周知，销售人员喜欢竞争。他们已经不是简单地喜欢竞争了，甚至可以说是将竞争奉作信条。竞争就是一切。在市场竞争中获胜既是目标也是回报。对企业和个人来说都是如此。事实上，整场销售大会就是胜利者们的集会，能够来参加大会就证明他们是公司里最优秀的，又或许是业界最优秀的，甚至可能是全球最优秀的。

提摩西在做完内在游戏指导演讲后，接下了年度网球锦标赛的管理工作，网球锦标赛是每届销售大会的传统项目。毕竟，胜利者们都热衷比拼，况且他们还有幸请来了一位知名作家兼网球教练做赛事的总管。不过，提摩西想做的不只是赛事的主持人。他觉得网球锦标赛可以为每位参与者都提供一次独特的学习体验，只要向他们发问：你到底在玩什么游戏？

提摩西提议，每轮对决的胜利者退出比赛，而输掉的选手晋级下一轮。想一想：输的人因输球而得到奖励，而胜利者却被送离赛场。如果是这样的赛制，"胜利"让你一无所获，那么参赛还有什么意义？没错，这就是关键。每位参赛者都必须直面这个问题：他为什么要参加比赛。常见的回答是参赛为的就是赢得比赛，对销售人员而言更是如此。然而，提摩西的回答却是，为了能参与一场水平更高的赛事，为了在比赛中学习，为了发挥自己的潜力。出乎意料的是，这样一来，参赛者的实际表现却更好。

一场失败者晋级、胜利者淘汰的比赛，其目的是让参赛者们对输赢损益与否不再有清晰的判定。当战胜对手时，他们实际上将是输家；而当败给对手时，他们却会被当作赢家。面对这样的情况，他们不再将注意力放在输赢上，而是转向单纯地为体验而比赛，看看自己能成为多好的球员。从哲学的角度来说，这就是要求他们停止跟随来自外部世界的曲调起舞，并鼓励他们遵循自己的内心。网球锦标赛的故事告诉我们，职场上也有这样的可能：无论在怎样的体系架构下，我们都有可能将主流文化习惯转化，变成不可预期的活动，而这样的活动更有利于学习。

声明一下，我并不是在建议所有的赛事都要去奖励失败者。但不得不说，这种引人深省且有选择性的实验就是试金石——能将那些存活艰难的组织机构与那些卓越的组织机构区分开来。正是这种质疑传统智慧的做法，造就了不同的结果。事实上，许多15年前看似激进的管理实践，如今都被不计其数的企业采用了。例如：

- 现在，团队都是自组织的，许多过去需要老板们亲自完成的任务都可以由团队来完成。
- 现在，员工们自己检查自己的工作；而过去人们却认为，有必要通过第三方监管以保证产品的品质。
- 现在，上司由下属来评价。
- 现在，供应商被视为生产企业的一部分，并被纳入企业计划和决策过程中。
- 现在，客户服务相关决策可以由业务人员直接做出，而以前却需要高层集中管理或需要两级审批。

不只这些，还有许多都是在质疑以往不可动摇的观念——管理层必须握有特权，并维持足够的管控权。那场网球锦标赛至今仍能清晰地浮现在我的脑海,它成了这类实验的早期评判指标,而这类尝试正是一个真正的学习环境所需要的。它质问自身更深层次的目的,与传统大为不同,以至于让所有参赛者都略感不适,但最终它成了能力和比赛的源泉,并为整场销售活动注入了活力。

想要创造一个重视学习的环境,管理层需要扮演怎样的角色?思考这一问题至关重要的是,我们需要教练的角色以及不断转变我们对目的和结构的理解。我们需要一种信念,相信学习和绩效是一体的。绩效卓越的人学习速度也更快。当我们专注,看到世界原本的样子而不是它"应有"的样子时,我们能学得更快。到那时,学习就会成为一种意识功能,而不再是指令;当你不掺杂主观判断,不下意识地去控制和改造你所触及的东西,就能看清身边发生的事情。

当人在高度焦虑和低接受度的情况下时,其学习就会受阻。在工作中,人们往往具备完成大多数任务所需的知识储备,但他们却常在知识运用上犯难。这正是内在游戏的真知灼见。我们无须从老板或专家那里学习更多知识——我们需要改变的是运用已有知识的方式。与其为了要成果而增加压力,不如任由其自由发挥——尽管这种想法与传统的文化智慧相悖。

这些观点对下一代的职场变革有着广泛的影响。如若我们真的想创造最佳绩效,就需要改变那些试着通过指令和传统的管理干预来提升绩效的一般做法,重新规划设计。举例来说,我们需要终止以个人或团体排名作为激励或奖励策略的等级制度。我们需要将表彰的重点从获胜转向学习。绩效考评不要只看重员工的优缺点,可以换成上下级之间一对一的谈话,说一说各自的经历和心得体会。我们需要把员工视为自主管理的、自我发展的实体。这意味着我们的教育工作要从注重培训转向注重学习,而教育的设计要围绕学习者的体验而不是教师的专业知识来进行。那些示范视频和以预先设定好的、可预测的行为为结果的培训的价值也有待商榷。

在任何工作场所,我们都需要获胜。工作场所不是社交场合,在职场生存可谓是步步荆棘、挣扎求生。不过,这并没有回答目的和意义的问题,

如何实现工作自由

而目的和意义才是组织机构和个人的根本问题。内在游戏以一种安静而具体的方式,内在游戏主张要将组织机构建设成既能给员工带来收益,又能提供更深层意义,同时实现经济上的成功的地方。我们如何打一场人文精神得以认可且工作得以完成的比赛?大多数组织机构都抱有这类的愿望,但它们仍然坚持传统的思维方式:将员工视为达成经济目标的手段。生意必须兴隆,但人们需要找到超越这一目标的目的,并且需要以一种培育而不是消耗的方式来达到这个目的。充分认识学习的重要性,认真看待学习所需的意识,会让我们看到这一切皆有可能。

《如何实现工作自由》是提摩西在这一领域钻研二十多年的结晶,他把内在游戏的理念引入了商界。读者们不要急于下定论,请敞开胸怀接纳这种可能性——有一些全新的方法可以帮助我们实现我们的目标和愿望。

去畅读这本书吧。用心品味。把它付诸实践,随着时间的推移,充满压力的任务会变成趣事,你所逃避的事会变得有吸引力,而看似徒劳的工作也会创造出可能。

「彼得·布洛克是畅销书《完美咨询:咨询顾问的圣经》《赋能授权型经理:激活员工点燃创业精神》《管理宝典:服务至上》的作者。」

致谢

由衷感谢以下人士在本书的写作过程中给予的无私帮助,特别感谢 EF 的重大贡献,其独到的见解是本书核心思想的基石。

EF	梅振家	约翰·柯克
凯瑟琳·兰卡斯特	查克·内森	约翰·冯·特伯
李·布德罗	戴安娜·戈里	约翰·怀特莫尔
莱斯利·戴奇	埃里卡·安德森	罗林·贝克
玛丽·维夏德	格拉汉姆·亚历山大	米奇·迪特科夫
欧文·普朗特	格雷厄姆·伍尔夫	迈克尔·博格
RJ. 拉瓦特	艾琳·麦卡斯克	奥勒·格伦鲍姆
肖恩·布劳利	让-玛丽·邦托斯	皮亚·格伦鲍姆
威廉·卡索夫	乔·西蒙内	普伦蒂斯·内田
提姆·安德鲁斯	维洛林·帕斯科托	
比尔·维夏德	约翰·霍顿	

如何实现工作自由

前 言
追求自由工作

人生而自由,却无往不在枷锁中。

——18世纪哲学家让-雅克·卢梭

长久以来我都在追求工作中的自由。我所谓的自由工作并不是理论空谈,而是更实际的东西。我的部分自我天性爱自由,不理会环境如何,我尊重这部分自我。而我要做的就是承认这部分自我,并让这个自我在工作中展现风采。

相较其他人文领域,职场对自由的束缚最大。职场中的种种枷锁,我们都深有体会。那些"应当""必须""非做不可"构成的条条框框即给我们带来恐惧和外部压力的枷锁。有人戏说,工作就是但凡有的选就不会去做的事。

每次我朝着自由工作迈出一步,都能感觉到套在我身上的锁链收紧一分。潜意识里的习惯拉扯着我后退,仿佛有条橡皮筋,一头绑着我,另一头拴在木桩上。起初的几步并不怎么难走,但随着我一步步地走远,紧绷感会越来越强烈。当拉伸到极限时,我就会被那股反作用力一路拉回原点。

我还能怎么办？只能踏上旅途重新来过。也许，在追求真正自由的途中，必须要找出那根拴着橡皮筋的中心木桩。我追求的自由是一种与生俱来的自由，而不是某个人或社会给予的自由。这就需要对"工作"重新定义。

早在20世纪70年代初期，我就踏上了追求自由工作的漫漫旅途。那时，我辞掉了一份相对稳定的高等教育工作，开始思考我的人生目标。在那之后，我并没有什么明确的打算，只想着打点零工，挣点小钱，于是我开始教人打网球。没过多久，我就发现自己收获了许多关于学习和教练的启示，这也成就了日后的《身心合一的奇迹力量》。内在游戏的简单原则和方法建立在对学生先天能力的高度信任的基础上，相信学生们能自然而然地在亲身体验中学习。

在过去的二十年间，内在游戏的理念经过了时间的检验，在无数领域中成功应用。曾经，无论是体坛还是职场，都奉行指挥控制模式，而内在游戏却反其道而行之，它是通往自由工作的起点。能否成功抵达终点，主要取决于你是否愿意坚定不移地相信自己。

第一章
更好的改变方式

改变工作方式,让工作为人服务。
更好的改变方式从三个密不可分的原则入手:

▷ 培养非评判性觉察
▷ 相信自我 2
▷ 把学习的重大选择留给学习者

　　在摸索内在游戏理论的过程中,我所领悟到的精髓可以归结为一句话:我找到了一种更好的改变方式。尽管这是我在教网球运动员如何改变正手、反手和发球时发现的,但内在游戏的原理和方法不仅能够在网球场上提高球员的技巧,也适用于任何活动的改进。本书将教会我们如何改变工作方式,如何让工作为我们服务。

　　时常听到有人说,我们生活在一个变革的时代。特别是在职场上,"必须转变……"更如魔音般萦绕耳畔。改变可大可小,它可以是企业大规模重组,也可以指部门工作方式的转变,甚至可能只是绩效考评后按照上级要求做出的个人改进。即使没有来自外部的压力要求我们做出改变,大多数人也还是会有改进工作方式、提升绩效的愿望。其实,只要去书店随便逛逛,你就会看到大量的自助类图书,这类书籍都是在告诉人们如何改变自我。我们常把需要改变的事挂在嘴边,但是对于如何做出改变,我们又了解多少?

　　当教育工作者是我的第一份工作,而教育行业却因迟迟不愿接受真正的改变而备受指责。可笑的是,教育的过程应该是学习的过程,也可以说是改变的过程。教育应该提供有关改变的知识和经验，并树立起良好榜样。然而，直到我脱离制度化的教育框架后，我才发现了另一套截然不同的学习和改变的方法。

内在游戏的起源

我对内在游戏的深刻理解始于20世纪70年代初，那段日子我会打比赛，也会当教练。回首往昔，我才明白为什么运动场是探索学习和变革的绝佳实验室。那是因为体育运动的表现是如此直观可见，而目标又是如此明确，以至于表现上的变化会更加明显。我最初的实验室是网球场、滑雪场和高尔夫球场，这些运动能让人清楚地看到自己最佳和最差表现之间的显著差距。缺乏天赋绝不是造成这一巨大差异的唯一原因。它直指我们的学习或改变表现的方式。

在我做体育教练的那段岁月里，我发现了两个突出现象。一是，几乎每个到我这里来上课的人，都极力尝试纠正他们在所参与的运动中的某方面问题，但他们并不喜欢这项运动。他们期望我能为他们提供解决问题的方法。二是，当他们不再那么努力，而是相信自己有能力在亲身体验中学习时，他们反而能相对轻松地改变现状。在所有幼儿的早期发育过程中，被动学习和自主学习形成了鲜明的对比。

观察学员和他的网球教练之间的日常互动，为我们提供了一扇窗，让我们了解要如何做出改变。通常情况下，球员会向教练发牢骚——不是谈某次击球，就是说他的成绩。他可能会说，"我发球的力量不够"，或者，"我需要调整一下反手击球的动作"。教练看着学员演示他目前的击球动作，然后，他将其所见与头脑中的"正确击球动作"模板进行比对。这个模板是依据教练所学的"正确方法"建立起来的。以这一模板为滤镜，教练找出了"现有动作"和"示范动作"之间的所有差异，并开始努力缩小两者的差距。

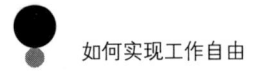 如何实现工作自由

为了完成这一任务，教练可能会给出各式各样的指令，然而这些指令的潜台词只有一句。也许他会说："接球的时候，你应该把重心放在前脚掌上。向后挥拍时，球拍不应该抬得太高。你的随挥跟进应该这么做。"潜台词就是，"我会告诉你应该做什么，不应该做什么"。

面对这一系列的"应该怎样""不应该怎样"的指令，我们很容易就能预测出学员的行为模式。学员充分相信教练的判断，他的任务就是按照教练说的做。因此，他尽力不做不应该做的，努力做好自己应该做的。教练说拉拍晚了，学员就强行让手臂更快速地回撤。对学员而言，这会让他感觉过度紧张和尴尬，但教练见到学员听从指令做出的动作后，就会说"好"。实际是在说："很好，你在努力服从我。"学员逐渐把"好"与这种被迫的、不自然的纠正法关联在一起。教练提供"应该怎样"和"不应该怎样"，学员付出"努力"，然后教练再给个"好"或"坏"的评价。

就这样，一次又一次。改变被看作由坏到好的过程，且这里的好坏不能由做出改变的人来判定。在这种需要被评判的模式下，通常会带来学员的抵触、怀疑以及对失败的恐惧。无论是学员还是教练，恐怕都未意识到这种改变法会削弱学员与生俱来的求知欲和对学习的责任感。也许，他们会因这种方法的内在矛盾而纠结挣扎，但通常情况下，他们别无他法。

发现两个自我

就在我不再试图改变学员挥拍姿势的那一天，我第一次发现了另一种方法。我问自己"学习到底是怎么发生的呢"？以及"在击球时，球员的脑海里又发生了什么"？我突然想到，球员的脑海里应该也有一番对话，恐怕与和我的对话大同小异吧。在他的脑袋里，有个声音以命令的口吻，像教练般对身体下达指令："得早点向后引拍。要压重心去击球。注意肩部随挥！"击球后，同一个声音会对球员的本次表现做出评价："这球打得也太差劲了吧！你的反手球是我见过最烂的！"

第一章　更好的改变方式

我想知道，这样的内在对话真有必要吗？它对学习的过程有益还是有害？我知道，许多顶级球员被问及他们在最佳状态下的想法时，他们的回答如出一辙——他们根本没想太多，内心平静且专注。他们只会在比赛前或比赛后思量自己的表现。我还是网球运动员时，也是这样。我能发挥出最佳状态的时候，我都不曾试图通过自我指导和评估来控制自己的击球。击球根本没那么复杂。我清楚地看准球体，选好击球点，然后我要做的就是顺其自然。令人惊讶的是，当我不再想着要去控制时，球反而更受控制。

渐渐地，我意识到，我的那些指令虽然出发点是好的，但却被学员们内化成了一种控制法，而这种方法会削弱他们的天赋能力。这种批判性的内在对话无疑产生了另一种心态，这是与顶级运动员所说的"平静且专注"截然不同的心态。

我的下一个问题是："在这段内在对话中，是谁和谁在对话？"我把下达指令并做出判断的那个声音称为"自我1"。与之交谈的另一个声音，我称之为"自我2"。二者之间有什么关系呢？自我1是万事通，可它基本上不信任自我2。而自我2是那个负责击球的人。出于不信任，自我1试图用从外部教练那里学到的策略来控制自我2的行为。换言之，评判带来的不信任，被学员的自我1内部消化了。由此产生的自我怀疑和过度控制，会干扰自然学习的过程。

但是，自我2是谁？它真的那么不值得信赖吗？在我的定义中，自我2就是我们本身。它拥有我们与生俱来的所有潜能，包括所有已发挥和尚未发挥出来的能力。它也体现了我们天生的学习能力和成长能力。它是那个当我们还是稚童时人见人爱的自我。

所有的证据都表明，当自我1静静地闭上嘴巴，让自我2不受干扰地击球时，我们的表现最好。就在自我1含糊其词地命令"早点向后引拍"时，自我2正在做更重要的事。在计算球的抛物线弧的最终位置时，它向数十个肌肉群发出了数百个精准的非语言指令，使身体做出击球动作并将球送到球网另一边的目标位置，同时要考虑球的速度、风速，以及对手最

如何实现工作自由

后一秒的动作轨迹。哪个自我更值得信赖?

这就好比一台买自廉价商店的电脑给价值数十亿美元的大型主机下指令,还想着争功于己,诿过于人。下达控制性指令并进行批判的那个声音并不如被命令的一方那么智能!意识到这一点时,我感觉有些尴尬。人造版的自我1不如纯天然的自我聪明。漫画人物波戈(Pogo)有一句名言:"我已经遇到了敌人,敌人就是我们自己。"

这种自我对话不仅仅会对初学者的学习过程造成困扰,无论你是菜鸟小白,还是高手大侠,都难逃此劫。即便是那些处于巅峰状态的专业人士,也容易受到信心危机的影响。就在我撰写这一章的内容时,我听到了两位职业运动员的谈话,说他们"输了他们的内在游戏"。其中一位是高尔夫选手,连续八年参加了美国职业高尔夫球协会巡回赛,他抱怨说,在一轮比赛中,一旦打出一两个坏球,便无法压抑住头脑中批判的声音了。"发挥失常时,我会很消沉,变得格外不自信。任凭压力压垮我。"另一位是篮球运动员,他打了十多年的NBA,先后效力于多支明星球队。他说,在过去的十年里,《身心合一的奇迹力量》对他来说就像《圣经》一样,帮他大大提高了他在球场上的表现。投篮本是他的强项,但最近他对投篮越发不自信。他抱怨道:"我在球场上时常自言自语,我讨厌这种状态。我很怀念那种完全沉浸在比赛中、脑子里没有那么多想法的快感。"

我十分钦佩这些职业运动员的勇气,他们敢于承认自己遇到的不仅是技术问题。他们意识到人生路上的绊脚石就是自己,并主动寻求指导。

自我干扰的循环

也许我们都知道,作为人类,我们很容易就成为自己的障碍,不过我想更仔细地看看这是如何发生的。做一个简单的网球击球的动作。球员看到一颗网球迎面而来,然后做出反应——移动到适当的位置并击球,结果就有了击球这一行为过程。感知、反应、结果。任何人类行为的基本要素都可以用这三个词来简单概括。

然而，通常情况并没那么简单。在感知和行动之间，还隔着一些解读。在结果产生之后，下个动作开始前，也还有更多的思考。在每个阶段，行为过程的每个部分都有其含义，而采取行动的主体也有意义。这都会对球员的表现产生巨大的影响。

举例来说吧，一位球员的自我1让他相信自己的反手球打得很糟。那么，当他看到球朝他的反手方向飞来时，他会想："啊哦，这球恐怕不好接。"这个念头在他脑海里飞速闪过。那颗黄色的网球不过是按一定速度和轨迹移动，但在他看来却像是飞来的横祸。面对威胁，人的肾上腺素会瞬间飙升。为了延缓"惨剧"的发生，他捯着小碎步后退，手中的球拍也防备性地后拉。直到避无可避，他才气势汹汹地挥起球拍，然而网球的过网高度过高，对手可以轻松接下。自我1等在那里，准备好了自我谴责的论调："这一击可真够臭的！天底下就没谁比我的反手球更烂的了！"此时此刻，他的信心进一步降低，下一个球对他来说，将是更大的威胁。干扰的循环不断重复。

自我1会扭曲行为过程的每个要素。自我意象的扭曲会导致感知的扭曲，感知扭曲又会致使反应扭曲，进而坐实了最初的自我意象的扭曲。

找出更好的改变方式

要如何打破自我1的干扰循环？传统的学习方法只关注行为，也就是球员的反应，而不是去解决根本问题，也就是球员的感知扭曲。当意识到这一问题时，我有了重大突破。

说到底，把球视为威胁的感知造成了行为过程的多重错误。如果通过教练的指导，球不再是一种威胁，而是能变回一颗纯粹的网球，那么球员的行为会发生什么变化？再者，如果球员对自己和表现的评判，可以用对客观事实不做批判的观察所取代，又会发生什么？

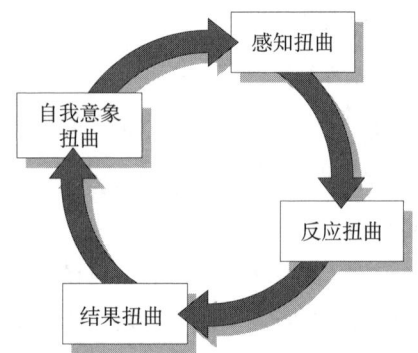

就在我探寻这些问题的答案时，出现了一种更简洁的学习和教练的方法。它所依据的原则可以概括为三个词：觉察、信任和选择。稍微具体一点来说，原则就是：（1）培养非评判性觉察；（2）相信自我 2（我本人的和学员的）；（3）把学习的重大选择留给学员。

（1）培养非评判性觉察　自从觉察到我那些"应该和不应该"的指令也是一部分阻力时起，我就开始探索能够帮助学员学习的方法。我最初的目标只是帮助学员提高对迎面飞来的网球的觉察。

当学员抱怨他的反手球打得有问题时，我会告诉他稍后再做纠正。我现在只想让他好好观察球的一些细节。比如，我可能会让学员注意球在接触球拍的那一刻是在下降、上升还是保持水平。我会赶紧说，我并不是要他做任何改变，只是让他观察发生了什么。当学员全神贯注地注视球的飞行过程时，他就会"分心"，忽视自我 1 妄图控制击球的所作所为，而此时，所有感知到的威胁都会消失不见。

"那一球触拍后上扬。那一球是水平的。还有那一球是从最高点下落的。"我从他的话中听到了非评判性的观察，我知道他的思维模式不再是评判性的，至少目前是这样的。起初我有些喜出望外，但后来我不再觉得意外，因为球员不带批判地观察球体时，挥拍的诸多技巧都在自然而然地改变！比如，他的双脚不会再后撤，球拍也不会用力向后猛拉，前脚掌会自然地挪动到恰当的位置，支撑起他的向前势头。再过几分钟，他挥拍的动作看起来就会有很大改善。没有任何技术性的指令，多数情况下，球员甚至并不知道发生了变化。

为什么会出现这些积极的变化呢？真的那么简单吗？只要别让自我1插手，让自我2学会如何击球就行了吗？一个回答是，当消除最初将球视为威胁的感知后，防御行为（后退和大力击球）也会消失。取而代之，身体会根据对球体的感知做出自然反应，那就是把重心压上去并击中它。感觉到教练无意评判自己球打得怎么样时，学员反倒会重视起自己对球体的观察，他的思维暂时摆脱了自我评判和自我1的控制。因此，他的动作会更加流畅、更加精确。流畅地挥拍动作，加上对球体更清晰的感知，使得击球点更准。这感觉更好，自然会产生更好的结果。当学员注意到自己的表现提升，他天生的自信心会取代自我怀疑。自我干涉的循环就这样被逆转了。

只要把注意力集中在一些关键性的中性变量上（例如，球的速度、位置或高度），我就能在不下达任何技术指令的情况下，看到击球水平稳步且相对轻松地提升。一开始，这看起来就像魔法。后来我明白了那是自然的魔力——学习就应该是这样。身为教练，我的首要职责就是保持一种非评判性的专注，为自然学习提供适当的机会，并且不做干扰。其次，我的工作是帮助学员保持专注，同时使他们相信自我2能够直接在体验中学习。

当专注点从球体换成球员动作时，非评判性觉察原则同样有效。比如，当我要求学员注意自己的动作，但不做任何努力去改变它们时，变化就会自然而然地发生。

这并不是说错误就不再发生了。但在非评判性觉察情境下，教练和学员对错误的反应是不同的。一旦学员或教练对击球做出正面或负面的评价，就会打破非评判性觉察的情境，而这往往会导致威胁感重新出现，并引发自我干扰的循环。

因此，以这种更好的方式进行改变的第一步，就是要客观地看待事物的本来面貌。正是有意识地接受自我和自己的行为，才释放了自发性改变的动因和能力。

（2）相信自我2（我本人的和学员的）　教练和学员都必须学着相信自然学习过程，也许这才是这种新的学习过程中最大的难题。对于作为教练的我来说，这意味着每当我看到学员挥拍出错时，我都必须停止条件反射式做出纠正性的评论。而对学员来说，这意味着他不依赖技术指导来提高他的击球水平。我们必须相信，随着觉察水平的提高，有效的学习和改变就会发生。教练的行为既可以支撑学员的自信心，也可以破坏学员的自信心。一次又一次，当我有足够的耐心放下控制学习的欲望时，学习便会按照自己的节奏水到渠成，比以往以教练为中心的指挥控制法更加有效，也更加简洁。

　　结果已经没什么好争辩的了。在见证了数百位不同水平的球员在没有技术指导的情况下取得进步的例子后，我发现这种信任越来越容易建立。作为教练，我越是相信这种自然过程，学员就越容易相信自我、相信自己有在体验中学习的能力。

　　当学员看到在没有"应该和不应该"的指令的情况下，他的表现不断提升时，他的自信心会增强。很快他就会意识到，用这种方式学习与按照示范的正确动作不断调整自我的方式学习截然不同。用这种方式学习是一种由内而外的学习体验，而不是由外到内的学习，这是一件美妙的事情。对自我2的信任似乎让你失去了控制，但事实是通过放弃一种低级的控制手段，你反而获得了控制权。这是教练和学员在每一种新情境下都必须反复学习的一课。

　　学习的最终决定权和责任属于开展学习的个体，这一认知与以往归因于外在条件的看法恰恰相反。然而，信任自我的原则是找到更好的改变方式的核心。

　　（3）把学习的重大选择留给学员　内在游戏的第三个原则是关于选择和承诺的。只有有了理想结果，觉察和信任才能起效。学员可以观察球体，但如果他没有把球打过网且不出界的想法，就不会有网球技术的提升。明确理想结果是觉察原则起作用的关键。这样一来，问题就变成了结果该由谁来选定。

　　在我以前的以教练为中心的教学法中，我想要将网球课上的大部分重要选择留给自己。一旦学员选择了来上我的课，我就得负起责。需要什么样的击球法、从哪个要点教起、哪种改进措施最好，我希望都由我来选择。这很像传统的医患关系："我是专家。我会诊断出问题所在，并开具处方。而你的任务就是照我说的去做，并且相信只要按我说的做，你就一定会好起来。"

我必须学会把选择权交还给学员。为什么呢？这是因为学习是在学员内部进行的。学员做出的选择将决定学习是否能够得以进行。最终，我意识到学员要对学习选择负责，而我要对外部学习环境的质量负责。

这意味着，我会询问学员他想要改进的内容及原因。我的身份就是教练，我要清楚学员的目标是什么，并帮助他实现目标。学员在和教练初次对话时，开场白可能会是"我想在反手球上取得突破"，并以目标来收尾，"我希望，我发反手上旋直线球能百分之百成功"。

我的任务不仅仅是让眼前的目标尽可能清晰，更要激发学员达成目标的意志和主动性。让学员更清楚地觉察到他所做的选择，以及这些选择背后的原因，这是学习过程中至关重要的一环。学员感觉自己有了更多的控制权，自然也就愿意承担起更多的责任，并在实现目标方面发挥更大的主动性和创造性。同样重要的是，这大大降低了旧的指挥控制模式固有的对变革的抵抗力。有句老话说得好："哪里有压迫，哪里就有反抗。"人类抵抗侵犯自己边界的行为是很自然的，反抗即便没能直接表达出来，也会间接地表现出来。无论什么形式的反抗，都不利于实现预期的结果。

对于那些习惯了指挥控制模式的学员来说，给予他更大程度的选择权通常会令他不安。但是当每位学员都知道自己的选择不会被教练用对或错来评判时，他就接受了自己作为选择者的身份，并会承担起应对选择结果的责任。

这一转变带来了许多学习和变革的积极因素。它使得学习和改变的主动权掌握在学员手中，使他有更强的个人介入感和参与感。它使学习摆脱了单纯的死记硬背，死记硬背学得快忘得更快。随着理解的加深，学员对学习和改变的个人参与度自然而然地提高了。这样的学习涉及学员的态度和感受,时常会引来变化,关系到我们生活的方方面面。简言之,当学习和改变的选择是自发的且自我调节的,它们就会变得更加全面,也更加令人愉快。

觉察、选择和信任这三个原则的实践经验表明,它们之间有着密不可分的联系。它们是一个整体的三个部分。觉察就是要清楚地了解当前的情况。选择是指在未来朝着期望的方向前进。而对自己内在资源的信任是促成这一方法运转的关键环节。这三个部分都相互支撑、互相补充。越是相信,就越容易觉察到。越有觉察力,就越容易看清选择。随着我对每一个原则理解的加深,我发现有它们就够了,它们是新的学习和改变方法的基石。

改变也可以令人愉快。没有人需要被操纵或被评判的感觉。经验本身可能就是王道。摆脱自我1的干扰,改变和进步能更快速地发生,并且是可靠和持续的。

我开始相信以这种方式学习可以从根本上改变我们改变自己和他人的方式。

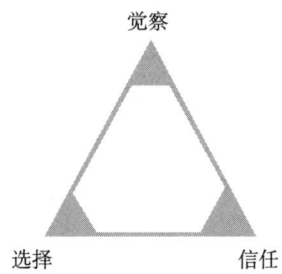

无数意想不到的应用

我在《身心合一的奇迹力量》中提到了我的发现,那时我并没想到这本书会成为一本畅销书,更没想到它会赢得那么多非网球运动员读者的喜爱。我的出版商曾对我说过,不要指望一本体育书能卖出两万册以上。然而事实远超我们的预料,成百上千的非网球运动员购买了该书,他们还将

里面的方法应用到各个领域,从而提升个人绩效表现。我对内在游戏原则应用于不同领域的独创性和创造性感到惊讶,这些领域包括:

- 实现最佳销售业绩。
- 管理企业变革方案。
- 培养管理者的教练技能。
- 创建"全面质量管理"项目。
- 提高创新能力和创造力。
- 养育子女。
- 各种体育运动的改进。
- 外科手术。
- 表演、写作、绘画、演奏和作曲、公开演讲。
- 教育、咨询、教练、心理辅导。
- 减少压力。
- 改善人际关系。
- 节食。
- 戒烟、戒赌、戒酒。
- 高级结构工程。
- 人机交互界面设计。

这些活动的共同之处在于,集中注意力并降低自我干扰能让这些活动实现截然不同的效果。

从体坛到职场

随着我职业生涯的重心从运动竞技场转向企业工作领域,我意识到,企业通过学习在员工队伍中发掘自我2型人才,可以获得很多好处。然而一些被文化认可的做法,正是自我1干扰这种才能的催化剂。企业是否有能力识别并减少这些做法,是企业成功的关键。

从员工个人的角度来看,他们等不及文化发生转变,唯有从减少自我1的干扰做起——自我1可能会干扰他们自己,也可能会干扰他们的工作小组——他们才有希望获得并发挥更多的自我2的潜在能力。

可以用一个简单的公式来理解内在游戏的概念:

表现 = 潜能 − 干扰

Performance = potential − interference

从击球到解决复杂的商业问题,无论什么活动,表现(P)都等于潜能(p)减去干扰因素(i)。人的表现很少会等于潜能。一点点的自我怀疑、一个错误的假定、对失败的恐惧,都会大幅削弱一个人的实际表现。

内在游戏与外在游戏

内在游戏的目标就是减少干扰你发掘和展现全部潜能的因素。而外在游戏的目标是克服外部阻力,实现外在目标。显然二者相互牵绊。更为重要的是,个人、团队或公司接受的外部挑战越大,内部的干扰就越少。

无论你在怎样的文化背景下工作,无论你从事什么样的工作,也不管你目前的能力水平如何,内在游戏和外在游戏从不曾停歇。若想取得进步,二者缺一不可。这就好比一个人的两条腿,如果两条腿的长度大致相同,那么走起路来就很轻松。然而,在如今的文化背景下,我们更重视外在游戏的输赢,更注重改变外部世界。随着科技发展和现代信息大爆炸,我们外在游戏的那条腿长得长了一些,但是我们对内在游戏的理解和控制能力却没能等速成长。

在当今这个时代里,如果不学习一些内在游戏的基本技能,即便我们

第一章　更好的改变方式

在外在游戏中取得了技术进步，人类也捞不到什么好处。我们迫切需要更好地理解自我，并学会在我们称之为"自我"的领域中做出改变。只有转变学习方式，使之契合我们的天性，而不是与之交战，内在的改变才有可能发生。

第二章
当内在游戏遇上商业巨擘

工作环境中存在三种对话：

▷ 内在对话：虚假自我 1 与真实自我 2 的对话
▷ 外部对话：与上司、同事、客户的对话
▷ 文化对话：企业的指令和管理干预

就在《身心合一的奇迹力量》出版后不久，时任美国电话电报公司（AT&T）营销副总裁的阿尔奇·麦克吉尔突然出现在洛杉矶，要我为他上一堂内在游戏的网球课。上课的过程和结果都令他满意，甚至还给了他一些惊喜。于是他邀请我共进午餐，并和我说了他在转变 AT&T 企业文化中遇到的困难。他用了大约两分钟的时间，讲述了 AT&T 当下需要面对的一系列变化。根据最高法院的判决，AT&T 必须打破其在电信领域的垄断格局。

"如果我们不能成功转型，不能从一家垄断型设施服务公司转变成市场驱动的竞争型通信企业，我们将在新的环境中被生吞活剥。所以，我们别无选择，必须马上行动起来。"他的总结铿锵有力，但是他的问题似乎与我以往的经验相去甚远，以前我都是用内在游戏的方法帮助学员在网球场上发挥出他们的潜能。所以，当麦克吉尔要我帮忙分析一下 AT&T 面临的情况时，我相当震惊。

"让我听听你的想法吧，"他的语气严肃认真，"我们真正的问题到底出在哪儿？"我并没有立刻开口作答，过了一会儿，我掷地有声地脱口而出："贵公司的问题在于，员工们并不清楚自己是谁。"这听起来很有料，也很

第二章　当内在游戏遇上商业巨擘

有权威性，连我自己都有些惊讶。"所以，他们才会用自己和自己的角色、声望、所在公司以及目前的做事方式来定义自己。当任一因素的稳定性受到威胁时，他们就会下意识地反抗，用力之大就像在保护自己。这是因为，他们觉得那就是在保护自己，自然不会惜力。"

麦克吉尔看上去听得很专注，在我说话期间，他频频点头。我感觉，我说的这些他其实打心底里是知道的，只是他还不曾主动承认过。很快，我又把话题转回了我的执教经历，"我在网球场上观察到的是，改变某个习惯的最大困难在于，人们已经把他击球的方式和他本人看成了一件事。就好像他们在说，'无论好坏，这就是我做事的方式。就算我要你来改变我，你就真的敢吗？再者，如果你对我说，我这么做是不对的，我会认为你是在针对我——就好像你在对我说：你错了。我很讨厌你那样说我，不过我不会说出来，因为你是教练，我得给你点儿面子，至少得假意按照你说的方法去做。但是，尽管我表面上很听话，我还是会伺机反抗'。父母、老师、老板们会想方设法地替我们做安排，而我们大多数人不得不学习创新方法，来守护我们心目中的自我人格。类似的矛盾在我们的生活中司空见惯，而我们反抗的技艺也已得心应手"。

麦克吉尔言简意赅地说道："你的意思是，大家都太主观了，认为整件事都是在针对个人。"谈话仍围绕着我过往的经验，我们探讨着我是如何将非评判觉察、尊重选择和信任用作一剂良方，化解这一由来已久的矛盾，并创造出更好的变革环境的。

两天后，麦克吉尔和他手下的四位高管来到了加利福尼亚。在我的客厅里，他们问了我一些关于企业转型的问题，然而在这方面，我并没有什么一手经验。由于我对企业运营知之甚少，我只得借鉴自己在教育和教练方面的经验以及我所学到的个体成功经验。谈话的重点是克服阻碍变革的内在障碍。关于内在游戏的话题，我们足足聊了三个小时。然后，麦克吉尔转向他的同僚，给他们提了三个问题：

1. "内在游戏的相关内容和咱们 AT&T 这次的改革有关吗？"

所有人都给出了肯定的答案:"是的,关系很大。"

2."相较于咱们正在推行的改革方式,内在游戏的方法怎么样?"

每个人的回答都一样:"两种方式截然不同。"

3."假如可以的话,咱们要怎么把这套方法运用到这次的改革里?"

许久都没人接话,然后几人又给出了同样的回答:"我不知道。"

会议结束时,麦克吉尔指派了一位名叫比尔的高管,要他负责在两周内制订出内在游戏方法的实施方案。我一直等着比尔给我打电话,我以为他会寻求我的帮助,但一直没等到他的电话。两周的期限马上就要到了,我打电话问比尔方案准备得怎么样了。接到我的电话,他非常高兴,可他听起来就像个快要在汪洋中溺毙的人。他告诉我,他还没有制订出方案,甚至都不知道该从哪里起笔,他问我有没有什么建议。我告诉他,我并没有企业管理方面的专业知识。不过我还是给他指了一条明路:"好吧,你可以试着从你们管理者自身入手。"

电话那端的沉默,说明比尔有些吃惊。"尽管这也是我最初的想法,但我真心觉得我不应该这样提议。麦克吉尔会把这当作一种侮辱。"

"告诉他,这是我的建议。"我说。

尽管麦克吉尔和他的直接下属没有采纳我从管理者入手的培训提议,但麦克吉尔成了AT&T内在游戏的提倡者。他驾驶着号牌为SELF2[①](自我2)的车上下班,并开始有意识地改变自己专横的管理风格。他启动了一项计划,将内在游戏的原则纳入全体客户主管的核心培训课程,并向公司诸多部门的高管介绍这套理论。很快,我名声大噪,公司上上下下许多部门都邀请我协助他们完成各式各样的改革计划。项目大大小小,从公司政策研讨会上给高管的例行汇报,到为开发服务的技术人员设计加速学习的方案,其中一个名为"话务工作的内在游戏"的项目在下文中会有详细说明。

我开始了解在AT&T的企业文化中是怎么开展工作的,是什么原因导

---

① 在美国,车牌号可以自行选择。——译注

致工作无法完成。我既折服又忧虑。麦克吉尔的决策动辄就涉及上百万美元，关乎数千员工的生计。而我的建议要被用来指导那些决策。我感觉自己就像电影《富贵逼人来》中彼得·塞勒斯扮演的畅斯·加德纳。作为一名单纯的园丁，他对花园外的世界一无所知，却陷入了这样一个境地：著名经济学家和政府官员们向他提了一些十分复杂的问题。畅斯觉得他们只是在问他有关花园的事，于是他用自己种植玫瑰的知识作答。政客们认为畅斯就是个天才，把畅斯的话当作对经济状况的隐喻，而事实上政客们是把自己的想法投射到他们所听到的话语上。

像畅斯一样，我对 AT&T 面临的高度复杂问题的了解不足百分之五。而且，我只知道克服变革阻力和提高人类能力的方法，像畅斯一样，我只会用自己熟悉的这些内容作答。就这样，我来到了新泽西州巴斯金里奇，在 AT&T 总部顶层的董事会会议室里，到场的都是公司高管，他们大都剃着亮闪闪的光头，举手投足之间尽显威严。在我讲解教练如何提高球员网球技术的过程中，这些高管们做了大量的笔记。他们高估了我对商业的了解，而他们的笔记其实都是他们自己深刻理解的投射。我和畅斯之间唯一的区别是，我清楚自己对他们的业务一无所知。但我也知道，我有网球运动员克服改变障碍和技能培养方面的经验，而这与高管们面临的快速转型和培训问题有着千丝万缕的联系。

于是从那天起，我开始大量学习企业文化相关的知识，弄清了是什么促进了变革，是什么阻碍了变革。我观察到公司变革中存在三种现象，不幸的是，它们如沉疴宿疾。

第一种现象是：有权下令改变的人，往往会在第一时间把自己排除在需要改变的名单之外。改变是"我们"要为"他们"做的事，而学习是"他们"要做的事。

不必大惊小怪，管理者在公司的职位越高，就越是如此。我发现商人的自我比运动员的自我更加抗拒改变。顶级运动员们都想不断提高自己的表现，他们会寻求教练的指导，并愿意接受他们的帮助。但在公司管理等级体制下,"教练"即使有时间来辅导他人,也很少有人会主动寻求指导。讽刺的是,越是那些负责拟订改革计划的人,就越发回避亲身参与改革。他们的想法大抵是这样的:"如果改革的落实要由我们来负责,那我们就可以不用做出改变。"

第二种现象是:抗拒改变,通常是抗拒改变的过程,而不是抗拒某个特定的改变。

当然,这是我在网球场上学到的主要经验。无论有意还是无意,一旦改变的过程被认为是强制性或操纵性的,就会产生抵抗。如果能够消除改变过程中的强迫和评判,抵抗就会明显减少。然而,企业改革往往是由强迫和评判驱动的。就像在网球场上那样,传统的做法是:"这是示范动作,你应该照着这个样子做。这是你目前的动作。按照示范,你应该这样这样,不应该那样那样。如果你不按我说的做,后果就会是这样。"可悲的是,为了确保改变能够发生,这种毫无成效且老掉牙的方法却被人们广泛应用。

第三种现象是:对企业内部变革的抵抗,根植于盛行的指挥控制型企业文化。

从网球场上,我学到了一种进行改变的新方法,它与体坛普遍认可的方法有着本质的不同。在企业界,这种普遍认可的方法被称为"指挥控制法"。那些站在权力顶峰的人们,试图通过给下属下达命令,并"鼓励"他们听命行事,来控制结果。在处理意外状况时,"指挥控制法"就会遇到阻力,导致收效甚微。我会问我自己和我的客户:"采用觉察、选择和信任原则(ACT)① 能否获得更好的结果?"

在采用 ACT 原则前,我必须更充分地了解企业文化中干扰个体自然学习的阻力。要学的东西有很多。

例如,我发现在 AT&T,大家理所当然地认为,所有员工的思想和行为多少都有些相似。他们把这个现象戏称为"钟形脑袋",他们一边开着玩笑

---

① 取觉察(Awareness)、选择(Choice)和信任(Trust)三个英文单词的首字母,组成 ACT 原则。——译注

一边接受着这个钟形模子，仿佛这是在AT&T工作不可或缺的一部分。这就是这个商业巨擘统一身份、凝聚共识的方式。但是，并没有人认识到这其中的固执与呆板，直到时代发生变迁，要求人们必须突破思维界限、采取全新手段。突然之间，人们意识到"钟形思维"是制约数十万人成长的障碍。事实上，钟形思维的确是AT&T在新竞争环境下取得成功的最大阻碍。恐怕，这是企业发展史上第一次有商业巨头承认企业文化成了其成功路上的绊脚石。尽管如此，AT&T的高层管理者们还是无法跳出钟形思维，站在企业文化之外去理解并改变它。因此，他们从其他公司聘请了高级管理人员，而这些人尚未陷入钟形思维模式。来自IBM的阿尔奇·麦克吉尔就是其中之一。不过，尽管麦克吉尔不带有AT&T那种微观管理风格，但他却是IBM指挥控制文化下的产物。

企业文化的力量异常强大，却又难以辨识，故而很难改变。尽管有人提出了巧妙且复杂的重组和再造方案，但AT&T却绕不开那些看不见的文化模式，它们支配着企业员工的思想和行为。结果不做他想，员工个人的内部对话严重受阻，计划好的改革方案遭到了抵抗。

搞清企业改革的阻力

通过教练的工作，我清楚地知道自我1和自我2之间的区别是理解自我干扰的关键。学习和表现发生在内部环境中，一个人发掘和展现潜能的大小，取决于内部环境。当内部环境被评判性的、过度控制的、自我怀疑的自我1所支配时，自我2的潜能就很难得到最大限度的发挥或取得成果。在大多数个人运动项目中，只需要对付一个自我1。然而在企业里，要和其他同事以及客户展开大量的直接互动，那么通常要对付的就不止一个自我1了。因此，干扰的可能性会成倍增加。

以负责某一项目的团队为例。成员甲为了得到其他成员的重视，提出了一个改进工作流程的构想。然而甲试图改进的工作流程正是成员乙的心血，乙的自我1不甘示弱，摆出了各种理由来否定甲的提议。一场争论随之爆发。成员丙的自我1不喜冲突，所以丙退出讨论。而甲却把丙的漠视理解为丙不赞同他的提议，因此甲开始怀疑自我。成员丁觉得这样争论下去也不会有什么成效，于是，他提出了一个既不如甲的构想，也不如现有流程的方案。然而，丁的提议却最终胜出了，只因他的方案能让甲和丙都不丢面子。

一个工作团队，若能将全体成员自我2的能力结合在一起，其结果将远超这些成员分头工作的产出。然而，团队成员自我1的组合，会挑起成员间的争斗，使团队的效率大幅降低。因此，学会了有效合作的团队，通常能做出更恰当的决策，并想出更妥善的解决方案，甚至比团队里最聪明的成员更胜一筹。遗憾的是，那些没有学会控制自我1的团队，其最终的决策和解决方案往往是团员们独立工作时不会接受的。

工作环境：三种对话

工作环境对我们的工作效率和满意度有着巨大的影响。传统意义上，人们将工作环境等同于身边的物质环境。为了确认物质环境对生产力和士气的影响，许多公司都进行了调研。调整光线、建筑风格或环境音乐能否提高工作质量？外部环境固然很重要，但是内在游戏表明我们工作中还有一个更重要的环境——它就在我们的两耳之间。我们的思想、感情、价值观、假定、定义、态度、欲望和情绪都是构成这一内在环境的要素。

就像气象系统一样，内部环境涵盖一系列的气候条件。天气晴朗时，你可以一眼望到底。成功的目标、阻碍和关键变量都清晰可见，工作时也会更有凝聚力、更令人满足。但是，当内部冲突的飓风来袭，思绪和感情会把我们拉扯向不同的方向，我们很容易失去所有的洞察力。我们会分不清轻重缓急，兑现承诺也会打折扣，怀疑、恐惧和自我限制将主宰一切。

这种内部工作环境并非与外界隔绝。我们与同事的交流沟通就对内在工作环境有极大程度的影响。工作中人际关系质量的好坏，以及由此产生的与同事的对话，对我们工作时的思考和感受有着决定性的影响。例如，

第二章 当内在游戏遇上商业巨擘

领导缺乏安全感，他可能会过度控制为他工作的团队。结果，团队领导者的内在对话会致使其自信心降低，进而抑制个人和团队的绩效表现。

另一种对话较为不明显，但对工作也有很大的影响。那就是文化对话，工作中所有的沟通交流都发生在该背景下。在商业界，文化对话又称企业文化。它由已成形的语言模式、假定、期望和工作惯例构成，它是在该文化中工作的员工们要遵守的潜规则。近来，越来越多的人清楚地认识到，这些潜规则对工作的性质和质量有着巨大的影响。例如，某企业文化可能会确立这样的准则：维持大局稳定比谨慎地冒险更重要。尽管这条潜规则并未写入企业制度，但却很难改变。在某些企业文化中，绝不容许质疑自己的上级，而在另一些企业文化中，这却可能是司空见惯的事。

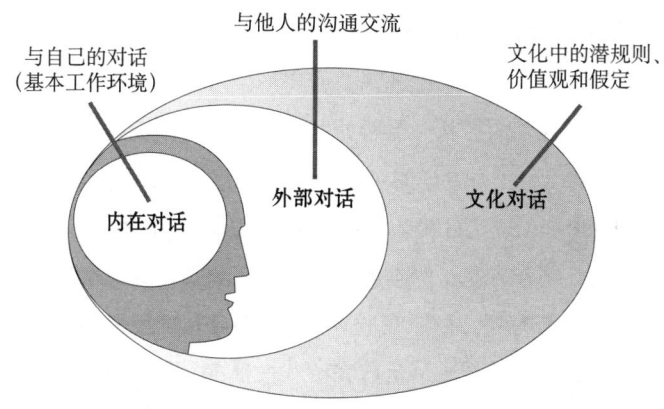

让我们仔细看看这几种对话。

内在对话 很多方法都能让你的思维干扰你的表现和学习，但无一例外，它们都是发生在你脑海中的你与自己的对话。

自我1的干扰由何而来？它又为什么会出现？我并不知道问题的完整答案，但我知道这与身为人类有关。比起其他生物，我们人类拥有更多的选择、更多的想法、更多的语言。有时候，我会把自我1当作住在我体内的一个外星人。这个外星人会假扮成我，而我会不知不觉地将它纳入我的内在对话，尽管那分明不是我真正的心声。自我1的议程与我的也许相同也许不同,它树立期望、发号施令,还企图定义我的现实,它颐指气使,仿佛它是我的领导。这个虚构的自我源于外界,它播撒下怀疑的种子,摧毁了我作为一个个体的完整性、自主性和胜任力。自我怀疑带来了恐惧、评判、过度控制和内部冲突,这些都会破坏我工作的内在环境。有时候,自我1听起来更像是家长、老师、领导或是朋友,他们希望我能遵守各种社会准则。

我把自我1的发声称为外星人的声音,并不是因为它所说的内容总是虚假的或有害的,而是因为它希望我(自我2)能不顾我的直接经验或理解,盲目地听它摆布。网球运动员之所以会认为自己(击球前)向后摆臂摆得太高,并不是因为自己认为有问题,完全是因为有专业人士告诉他这样有问题,这和他的错误或直接经验、理解无关。马克·吐温(Mark Twain)笔下的著名人物哈克贝利·费恩(Huckleberry Finn)是自我1异化的典型,当他发现自己对逃跑的黑奴吉姆产生了尊重和钦佩之情,他内心产生了"问心有愧"的挣扎。他所处的文化教他相信黑人低人一等,但他的亲身经历却告诉他不是这样的。在那样的情况下,哈克有勇气无视自我1的那道制约性声音,遵从自我2的直觉和理解。

对我来说,搞清自我1的本源并没有那么重要,至少不如有能力分辨它与真实自我来得重要。倾听自我2(内在的自我或是天然的自我)的声音,学会相信自我2的鼓励,是内在游戏最根本且长期的挑战。与自我的和谐关系需要内在对话尽可能清晰、信任最大化,选择也最自由。人们在一个团队中工作时,不仅需要与每个人和谐相处,还需要团队成员之间保持一致的观念、一致的目标并相互信任。

外部对话 如果游戏的目的是减轻自我1的干扰,从而令自我2的发挥更加充分,那么他人的介入带来的要么是助力要么是阻力。作为一名教练,我与学员的沟通交流,不是会加重自我1的干扰,就是会促进自我2的原生功能。

通过引入一种有别于自我1主导的对话,内在游戏的指导得以有效展开。我们要用客观观察取代评判性的观察,用选择取代操纵,用对自我2

的信任取代怀疑和过度控制。当外部对话有了这些变化后，它会切实影响游戏参与者的内在环境。参与者变化的面部表情、更流畅更有效的动作，以及大幅提升的成绩，都是有力的证明。有时，变化是瞬间发生的。有时，它还会随着参与者内心状态不断变动而来回变化。探求促进学员内在对话的技巧和方法，成了我身为教练的主要任务。我的目标就是要转变心境，以专注的精神状态取代混乱的干扰性自我批判心态。

很显然，在职场上，人们在一起工作，不是会引发自我怀疑和恐惧情绪，就是会让这些情绪平静下来。若是一个或几个同事认定某员工不称职，就会强化该员工的自我怀疑，加重他的自我干扰，阻碍其潜能的发挥。进而，给那些认定他人不称职的员工们创造出自证预言。相反，若在某个集体中，每位成员都能相互尊重，鼓励适当的冒险行为，并重视彼此的才能，那么，内在对话的干扰就会减少，他们的表现也会比单独工作时要更好。

文化对话 某些企业文化是建立在恐惧和恐吓之上的。员工的行为首先是出于害怕被评判或被惩罚。在这样以恐惧为本的文化中，想要让自己体体面面（或者说让自己看起来不糟糕）的欲望，可能会凌驾于工作目标之上，并且成为同事之间聊天和聚会的潜在驱动力。另一些企业文化则更注重控制和权力。文化对话是隐藏在职场对话背后的，其特性取决于谁是掌权人，谁占上风，谁居下风。虽然身处企业文化中的员工们往往看不见文化对话，但文化对话却会对员工之间的沟通方式产生很大的影响，进而作用于员工的内在环境。员工们在"正常"工作条件下遭遇的许多压力和冲突，其实都源于文化对话。

正因搞清了这三种对话（内在对话、直接的外部对话和潜在的文化对话）之间的关系，我才得以将内在游戏的理论应用到 AT&T 的各项活动中。员工的内在对话并非完全取决于他个人，而是会根据周围的文化对话而剧烈变化。然而，内在对话的变化又会反作用于员工，大幅影响员工创造业绩、做出改变和享受过程的能力。为了实现最佳的内在对话，你要了解自己、了解同事，而最具挑战性的是，你必须了解你所处的文化。

如何实现工作自由

在贝尔母公司的文化中工作

如果让我用一个词来描述 AT&T 的文化对话，那一定是"稳定"。我上上下下询问了数百名不同职级的员工，问他们为什么要来 AT&T 工作。抛开形形色色的表象，主要的动因其实只有一个，那就是"工作稳定"。当我问及他们与公司的基本"协议"时，他们的回答相当一致。"协议就是，如果我们按时上班，做我们该做的事，安分守己，那么我们就是 AT&T 大家庭的一分子，这份工作也会是能干到退休的铁饭碗。"对公司忠诚是最受重视的文化价值观，这里的忠诚不仅界定了"在这里要怎么做事"，还界定了"在这里要怎么思考"。这些做法和流程早已建立健全，并经过了充分的沟通，如果你想保住你的工作，你就不会质疑他们。AT&T 基本是依据流程管理的，且流程管理相当普遍。

有一天，我终于看清了这种僵化的管理方式。事情发生在新泽西州巴斯金里奇 AT&T 公司总部，那天我就站在话务服务部经理办公室里。这位高管向我吹嘘着他的组织和管理控制能力，他问我相不相信他知道此时此刻 AT&T 全国分公司的每间电话话务员办公室都在发生着什么。我眉毛一扬，表示惊诧。于是，他从办公室书柜里厚重的系列书册中取出一本。他看了看腕上的手表，然后就在书册中翻找。"就是这个，找到了，"他说，紧接着他念起了操作与流程守则，"现在这个时间，基层主管应该就礼貌问题在与话务员进行一对一的反馈谈话。他们现在应该说到了第四点……"为了印证他的话，他拿起电话，拨通了加州伯班克市一间办公室的电话，并让基层主管接了电话，他问她正在干什么。那名主管用一种相当机械的声音，几乎一字不差地叙述了她是如何与某位查号台话务员谈论第四点的。说实话，我当时感觉有些背脊发寒。而那位高管只是笑了笑，然后对我说："我觉得我们还能做得更好。我想知道内在游戏能不能帮助我们在独立审计的礼貌方面更上一层楼？"

我当时的心情相当复杂。尽管 AT&T 的作风官僚烦冗，培养出来的员工思维僵直固化，但 AT&T 仍然是公认的全球最佳通信服务供应商。当然啦，它并不需要为追逐盈利而努力。若是支出超过收入，它只需向政府委员会申请提高收费就行了。没有竞争就不会有什么大问题。但是，当最高法院裁定 AT&T 必须打破其垄断地位时，这种受保护的文化就被摧毁了。这一裁决推开了私人电信服务业竞争时代的大门。结果就是，贝尔系统（Bell System）被拆分成了多家公司。为了适应竞争性市场，AT&T 的管理者们不得不开始学习一种全新的经营方式。AT&T 的组织结构和管理做法不得不做出大规模的改革。然而，现有的管理者中很少有人相信他们知道如何促成这场变革，因为挑战之于他们是他们要改变他们做出改变的方式。

从数十万员工的角度来看，这次的改变威胁到了他们的铁饭碗，彻底违背了他们原有的就业条件。他们原本注册的是一个相对安全的游戏，叫作"大家庭"，但突然被要求玩有风险的游戏——"竞争性自由企业"。他们并没有申请注册这个游戏，规则变了，价值观也不同，而且安全性也相对减弱了。突然之间，只因公司不再需要那么多人手，或者因为工作业绩达不到同事的水平，就有可能被炒鱿鱼。这就像你对一名在校少年说，如果他不能保持平均分 80 分以上，他就可能会被逐出家门，这简直无法想象。

贝尔公司的各级员工渐渐觉察到，他们能保持"家庭"成员身份的条件是要达到绩效标准，而不是"表现良好"即可，这就可以理解他们的内在环境为何会严重混乱了。对于那些贝尔母公司（Ma Bell）养育出来的、自我意识依赖于安全感的员工来说，新的竞争文化带来的是毁灭性的灾难。

人们变得浮躁不安，很难集中精力工作。失业的威胁使一些员工无计可施，只能更加一丝不苟地照章办事。虽然很快地，他们就学到了竞争和企业管理的新语言，但很难体会其中的真谛。一天，负责话务服务的副总向我抱怨说："过去的两个月里，我们一直在告诉每位员工，他们要有创新性的思维，并主动承担起更多的风险。哪怕我们保证他们不会因犯错误而受到惩罚，但仍然没人这么做。"几十年来，服从和程序已经深深烙印在员工们的灵魂上，生产出一批又一批的"钟形脑袋"，无益于激发必要的创新

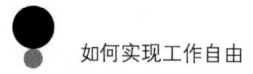 如何实现工作自由

思维和主观能动性。员工们的心态仍然是期望被告知该做什么和怎么做。

员工和公司之间的社会契约出现了深深的裂痕,人们只能想象因此而来的对内在对话造成的影响。当一个人无法确定自己的基本安全时,每件事的发生似乎都是威胁。怀疑的种子撒在了肥沃的土壤上。动力、专注力和信任统统消失殆尽。结果就是,个人、团队和公司的生产力都显著下降。只有那些不靠老企业文化获得安全感,并能够获取自身内在资源的人,做出的选择才能实现稳定。颇具讽刺意味的是,那些曾经抵制遵守旧文化准则的人,现在成了帮助公司度过当前危机最具价值的人。

大多数管理者在处理自己内心的混乱时都没有什么技巧,自然也没有指导他人渡过难关的经验。他们只知道他们必须执行更高的标准,获得更好的结果。和他们的下属一样,他们也害怕失败。

话务工作的内在游戏

AT&T 巴斯金里奇总部一层大厅里,挂着"客户至上,满意第一"的横幅。这个口号代表着所有员工新的工作方向。多数管理人员都读过汤姆·彼得斯(Tom Peters)的《追求卓越》(*In Search of Excellence*)或其他相关书籍,这些书中都传递了同一个信息:在新的市场驱动的商业环境中,要把客户当成上帝。电话话务员们要直接面对数以百万的客户,他们站在这一新活动的第一线。但是,那些十分不满自己工作环境的话务员们,要如何才能令客户满意?谈话中却没有提及这一点。

话务员的工作几乎没有选择的余地,也没有什么机会,他们自由发挥的空间十分有限,通常只能照章办事。然而突然之间,公司却要求他们表现得更好。话务员的正常反应就是不发表自己的言论,把自己变成一丝不苟的机器人。结果就有了我们经常听到的话务服务的机械语调。

我的任务是设计一次培训活动,目标是显著提升这些话务员的"礼貌评级"。公司会根据礼貌、准确度和工作效率对每一位电话话务员进行评

级。工作效率意味着速度。"要是能把话务员和客户的平均通话时长再缩短一秒，我们就能为公司节省数百万美元。"有人兴冲冲地对我说。但是，通过内在游戏的干预，他们主要是想提高话务员的礼貌评级，且评级必须由外部审计人员收集并衡量。"无论如何，在您培训后，平均通话时长也不能增加。"有人这样对我说。

我在思忖，在贝尔文化中做电话话务员是一种怎样的体验呢？我的第一反应就是，最突出的挑战是克服日常工作带来的无聊感：每天八小时，一星期五天，一遍又一遍地接听平均用时26.3秒的查号来电。

话务员们要怎样克服工作中的无聊感？我对这一难题很感兴趣，因为这曾是数百万人面临的共同障碍，且至今尚未得到妥善的解决。不过，我提出了两个条件。第一个条件是，不得要求话务员参加为期六小时的内在游戏研讨会。无论是参加培训，还是使用内在游戏的工具，都必须是完全自愿的。第二个条件是，内在游戏不必以礼貌为主题。

这两个条件被写入了合同中，他们要我先为南加州伯班克的话务工作者们做一次试点培训。如果培训有效，再推广到太平洋电信（Pacific Telesis）加州地区其他分部。方案必须足够简单，保证能在三节两小时的课程中完成，并且要在无法直接接触的条件下，让成千上万的话务员应用起来。

传统的培训套路毫无悬念可言：先调查研究最前沿的客户礼节实践，再为电话话务员们制作一段礼貌基本知识的视频，用夸张的例子展示话务员礼貌的"应该"和"不应该"。换句话说，这就是创建一个"模板"，让话务员按照模板调整自己。然后，再为主管们设计一套训练课程，教会他们如何观察话务员的新行为并给予反馈。那些达不到新标准的员工将被筛选出来，并被带走进行私人"辅导"。

这样的培训至多能带来一些短期效果，根本无法赢得话务员和他们主管的赞赏，他们只会将其视为另一个需要套用的模板。他们就像那些得到反手球14个要素的球员一样，即使出现了一些新的行为，也会是呆板而机械的。AT&T 的培训部门设计并实施过上千个这样的课程，他们在这方面做得肯定比我厉害得多。

所以，我决定换一种方法。我的方案并不以话务员缺乏礼貌知识为前提。而是假定，如果减少自我 1 的干扰，自我 2 的礼貌就会自然地展现出来。

我的第一项任务就是观察话务员们的工作情况，并约谈其中一部分人，了解他们如何看待自己的工作，并找出主要的内在障碍。很快，整个状况变得清晰起来。(1) 大多数话务员都感觉工作枯燥无聊，工作完成得十分机械。有位话务员是这样说的："过了最初的那六个星期，这份工作就没什么可学的了。我们听过了所有的问题，知道该如何处理它们。我睡着觉都能做好这份工作，有时候我就是那么干的。"(2) 尽管工作很无聊，但他们的工作效率却要受严密且持续的监测与评估，所以他们的工作压力还是非常大的。公司会定期公布大家的平均用时，每天下班前还会给每个人下发他们当天的平均通话用时。当用时超过办公室的平均值时，他们就会收到"建设性的反馈"。(3) 整个制度体系和主管给他们的感觉，让他们觉得自己就像小学生。在工作中的各个环节，他们都必须遵守规定程序，做其他事情也都要得到许可，包括上洗手间。一切都为提高工作效率、准确性和礼貌而服务。他们对自己的工作有诸多不满，对管理层也怀有敌意。这使得话务员的内在对话怒意难平，这种不满继而表现在他们与客户的对话中，或机械或恼怒。礼貌自然很难体现出来。

我和几个同事组建了一个小团队，我们一起设计出了一套无关礼貌的试点培训方案。我们的目标是减轻压力，降低无聊感，增加愉悦感，我们希望通过转变话务员的态度来实现这一目标。我们要让每位话务员从心底生出一种积极主动的学习态度。但是，怎样才能让乏味的常规工作产生有趣的学习氛围？事实证明，这并没有想象中那么难。

我们询问话务员，他们在工作中能学到什么。他们一致表示："工作几周后，就什么也学不到了。"

我们又问："假如你们的学习不仅仅局限于在礼貌（Courtesy）、准确性（Accuracy）和生产效率（Productivity）方面表现更好呢？"（这三点是他们的三个外部游戏目标，我们简称为CAP。）

"比如呢？"他们问道。

"比如，学习如何才能不感到无聊，不感到有压力，或者学习如何在八小时的工作中找到乐趣。"

一些话务员直白地表示了怀疑。于是，我向他们解释，我的确是受聘来改善CAP的，但这并不是培训的目标。"这是一个自愿参加的课程，目的是减少工作压力和工作中的无聊感。你们不一定要参加，而且即使参加了，也可以不付诸实践。但是，我希望你们能发现，这个培训课程至少不会比你们的日常工作还枯燥无聊。"结果却是所有话务员都报了名。

我们从检视话务工作的基本事件开始。计算机控制台上的灯亮起，表示有客户来电。话务员要在控制台上录入客户的来电内容，并向客户做出回复。"这里面最有趣的是什么？"我问。显然那就是客户和话务员的声音。我接着问道："在听客户说话时，除了客户表达的意思外，还能知道些什么？"

如果用心去听了，你会了解到很多东西。即使电话那头的人只是在背诵某个电话号码，你也能听出不同程度的压力，能知道对方有多着急，能听到他周围的情况。"但是，这和我们的工作有什么关系？"话务员们问道。我的回答是："也许并没有什么关系，但这会是个有趣的实验，听一个人的声音和背景音，你能推断出多少内容？"

我们设计出一系列的"觉察训练"，要求话务员比以往更专心聆听客户的诉求。这就像教网球学员如何在网球的飞行过程中观察到更多细节。我们让话务员用1到10的数值给客户打分，记录客户声音中透露出的各种特性，比如"热情""友好"或"恼怒"的程度。

下一步就是让话务员学会用自己的声音表达不同的特性。这很像表演课，非常欢乐。把这两种觉察练习放在一起时，就变成了一个十分有趣的

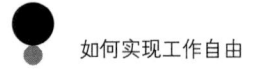
如何实现工作自由

游戏。话务员可能会听到耳机里传来9级压力。他可以选择用9分的热情来回应。这样一来,客户通常在说到"再见"时,压力程度已显著降低。

话务员们开始了解到,用不同的声音表达不同的特质,他们可以对自己的感受以及客户的感受产生影响。话务员们每天要与700多人通话,尽管谈话时间很短且内容有限,但他们却能对那么多人产生微小却真切的影响。

这项练习是如何减轻压力的?话务员的一大部分压力都来自恼怒的客户。但是话务员们发现,当他们尝试仔细倾听客户的声音,从而确定客户的恼怒程度到底是7还是8时,他们压根没把客户的恼怒放在心上。这种非评判的觉察,消除了恼怒的声音带来的威胁,引起了更广泛的正面反应。

这就和打网球一样,更加专注地观察当下的环境能有效减少内在干扰。这个游戏很有趣,还能自我强化。它也不需要主管来确认参与者是否付诸实践。无论是工作时还是下班后,话务员可以自行决定是否使用这一方法,决定是否要继续使用下去。很快,许多人发现他们可以在与家人和朋友的亲密关系中运用这些新的倾听技巧。当第三方给出的礼貌评级结果出来时,所有参与者都大为叹服。尽管话务员们并未尝试表现得更加礼貌,但礼貌评级的提升还是远超管理层的预期。话务员们正在学习倾听和表达自我。他们玩得不亦乐乎。很明显,他们的声音听起来更有人情味了,不再像木讷的机器人,所以,在外人看来,他们变得更有礼貌了。事实也是如此。我早就知道会有这种间接的结果。但在其他人看来,这就像是某种魔法。

与此同时,话务员们表示,无聊程度和压力水平平均下降了40%,工作乐趣增加了30%。重要的是,这些主观因素比他们想象的更容易掌控。在此之前,话务工作是一项枯燥乏味的工作。现在,他们可以改变工作体验的品质。没人强迫他们使用这些技巧,这会让他们觉得自己更有掌控权,因此也不会产生抗拒。

有趣的是,对这套课程持负面态度的只有他们的主管。由于主动权完全掌握在话务员手中,一些主管感觉自己被排除在过程之外,此次的功劳也不会算到他们头上。由此,我对企业环境也有了许多新的认识,争抢功劳竟然也能成为改革的阻力。所以，我必须做出调整，让主管们也能参与到培训中来，同时不能损害话务员的选择自由。最终，"话务工作的内在游戏"被打包发送给了全国四个地区的近两万名电话话务员。

这次的经历给我留下了深刻的印象。我看到自己从网球场上得出的简单原理，竟然能在职场上产生如此显著的效果。我亲眼见证了这一原理让数以万计的话务员发生的巨大变化，他们本以为自己只能在一成不变的无聊工作中默默承受压力。我明白，即使是一项毫不费神的日常工作，如果员工能全神贯注地去完成，也会得到丰厚的回报。即使无须增强意识，全身心地投入也是有益的。最重要的是，我开始明白，职场中，个人的成长和发展才是头等大事。明白了这其中的道理，为内在游戏未来所有的发展奠定了稳固的基石。

敞开心扉，接纳自我 2

在现代企业文化中，阻碍自我 2 的力量不容小觑。一些采用了"话务工作内在游戏"的分部，强制推行整套方案，并由主管负责落实。毫无疑问，魔法的神奇效果不见了，礼貌水平没能提升，于是就有了暂停项目的理由。管理层对下属行为的支配欲并不容易克服。很多时候，它会取代对结果的渴望。

在企业里，员工被分配到不同的岗位，并在对公司有利的名义下被要求按程序办事。剧本已经写好，照着去做就行。整场戏都是在舞台上完成，但没有人能确认导演是谁。最可悲的是，员工认可了他们的剧本，并按照所饰演的角色将其特征内化。就这样，那个天性爱自由，且生来就具备自我表达天赋的自我 2，很容易在剧中被遗忘。

我最近读到一段话，说得非常之好：

> 有一种活力，有一种生命力，有一种胎动，经由你转译成行

动,在所有的时空里只有一个你,这种表达独一无二。如若你阻断了它,它将无法通过其他任何媒介存在,唯有永远消失。这个世界将不再拥有它。你要做的不是去判定它的好坏、它的价值,或是拿它去做比较。你应该做的是清楚且直接地保证,它就是你的一部分,保持那个流动管道的通畅。你甚至无须说服自己相信自己或是你的工作。你一定要让自己敞开心扉,觉察到那股激励你的强烈欲望,并保持管道畅通无阻。①

在实现自由工作的同时,保持自我2的完整性是一件很棘手的事。我们需要很好地掌控影响一个人内在环境的各种因素。这就需要我们提高对周遭文化对话的认识水平,不受文化对话的影响,并更加清醒地与同事交流。唯有通过员工之间的互动,才能改变工作文化。

团队的每一位管理者或教练,都可以令团队成员之间的互动天差地别。这可以最大限度地减少自我干扰,提高团队整体的学习能力,提升团队整体的绩效。而那些能够认识到企业文化有深远影响的企业领导者们,也在学习识别推动文化变革的重要杠杆。他们的目标是,转变企业文化,最大限度地减少自我干涉,并承认员工固有的动力与天赋。

但是,文化模式的改变通常过于缓慢,以至于员工个人无法指望在短期内发生有意义的改变。我对自由工作的期望不能寄托在外部改变上,而是要取决于我能做些什么来优化我的内在工作环境。不论从事哪项运动,每个表现出色的运动员都知道,能否保持长期获胜在很大程度上取决于一个人的心态。而心理状态,也就是内在环境,又与一个人获得并保持专注力的能力正相关。

本书后面的章节将探讨,如何让个人及团队在职场上发挥出越来越多的自我2的潜能。

---

① 玛莎·格雷厄姆写给传记作家艾格尼丝·德米勒的话,选自《玛莎·格雷厄姆的舞蹈事业和日常生活》(*The Life and Work of Martha Graham*,纽约:兰登书屋,1992年)。

第三章
注意力集中法

专注力才是卓越表现的精髓。
自我 2 专注的三大要素：

▷ 觉察：专注力之光
▷ 选择与焦点：欲望能让注意力集中
▷ 信任如何促进专注：越抛开心理控制，越容易保持专注

> 我们自发参与的那些行动，或短暂或断续，却是重要且关键的，它们决定了我们命运的浮沉。
>
> ——威廉·詹姆斯

如果说在体坛上表现杰出的人和在职场上表现杰出的人有什么共有的特质，那就是注意力集中。在任何活动中，无论行为主体的技艺高低，也不论他年方几何，专注力才是他卓越表现的精髓。

道理十分简单，当注意力集中时，我们会全力以赴，做到最好。无论我们是骑单车、打篮球、画草图、拟战略、谈合约、卖产品、切寿司、品美酒、赏日落，还是著书立说，万殊一辙。而当失去专注力时，我们便无法发挥出最佳状态。

儿童可以专注。动物可以专注。成人也可以专注。专注是生物的一种本能，它通过了自然选择，写入了基因。这其中，似乎要数成人最难集中注意力。儿童的注意力持续的时间较短，但在做他们认为重要的事时，他们却不会轻易分心。可以这么说，成年人犯的大多数错误都是因注意力不集中造成的。而且因为注意力不集中，随之而来的是工作过程中业绩、学习和工作乐趣的损失。

通过集中注意力，我们接触到这世上的一切。仅凭专注，我们就能认识事物，理解事物。因此，注意力对于学习、理解和行动的熟练程度都至关重要。只有当我们全神贯注地做手头的事情时，才能有效地利用我们所有的资源。这是为什么呢？因为当我们心无旁骛时，自我干扰会被去除。在全神贯注的状态下，哪里还有自我1恐惧和怀疑的立足之地？

自我2的专注

只要集中注意力，就能产生巨大的威力，这是我在网球场上的发现。从那时起，我开始相信专注是所有事情成功的关键。我认为无论要培养什么能力，都要先掌握这项能力。运动员们称之为"进入化境"，而我喜欢叫它"自我2的专注"。当体验到这样的专注时，我们会不知不觉地表现卓越，做事如有神助般不费吹灰之力。如果我们学会理解这种全神贯注的本质，那么在任何事情上我们都能表现得更好，学习得更快、更全面，并在这一过程中享受到更多的乐趣。

首先，需要指出的是，单纯依靠自律是无法实现自我2专注的。过于努力地集中精力形成的是一种不自然的强制性专注，而这种专注也难以保持，且非常耗神。从本质上讲，它会令人心生不悦，而且从长远来看，它根本没有效果。

举个例子吧，你有没有遇到过类似的情况？公司要求销售员"与客户保持眼神交流"，实际的结果却与预想的效果大相径庭。你并不会因为多了刻意的眼神交流而亲近这名销售员，也不会更加信任他。相反，你会感觉不自在，并提高戒备心。被迫的专注与自发的兴趣之间的区别，或许并不好描述，但却随处可见。

如果你认真观察小朋友玩耍时专注的模样，或是猫咪双眼紧盯着苍蝇时的样子，你就会看到自我 2 的专注。关键要素是认清专注背后的欲望。猫咪被苍蝇吸引，小朋友想要玩耍。欲望能令注意力集中。当一个人连通自己的欲望时，自我 2 就会自然地专注起来。但是，当欲望消失，或当那个人与欲望抗争时，他就容易产生只有"战斗"才能保持专注的错觉。紧接着，内在指令就会出现——"用你的双眼盯住那颗网球"……或是盯住某张纸，又或是盯住某个人。

自我 1 的分心

自我 2 专注并不难证明。在给网球运动员做教练时，我可能会做以下的指导："当网球朝你飞来时，我希望你能在它的移动轨迹中找出你感兴趣的地方，无论什么都可以。"接下来，我可能会再提几个问题，来激励球员进一步专注于他感兴趣的具体细节。随着对球体本身的专注度的提高，球员的球技和表现都会大幅提升。如果有人旁观，我通常都会询问他们：在没有任何技术指导的情况下，球员的表现是如何提升的？而我听到的最多的回答就是："你转移了他的注意力。"

"我转移了他对什么的注意力？"我问。

回答是这样的："你让他不去思考他该怎么击球。你分散了他对结果的担忧。"

简言之，专注可以转移我们分散的注意力。如果说那些评判技能与表现的内在对话真的有帮助，那么注意力从内在对话上转移走后，可就不应该再有进步了。但是，内在对话毫无建设性可言，它反而会让你分心，令你无法集中精力去做该做的事。

最近，我问我指导的一位学员（他是公司的管理层）："在工作中，什么有利于你集中注意力，什么会分散你的注意力？"他不假思索地答道："如果我做的事是我喜欢的，我的注意力就会更集中；如果我做的事只是我应该去做却并非我真心想做的事，我的注意力就会很容易分散。"他的回答道出了专注力的一个核心点。当你在做自己选择去做的事情时,更容易保持专注。从这个意义上说,专注并不是通过学习某种技巧而培养出来的技能,它与你做事背后的动机有着密切的关系。青少年在篮球场上能轻松地集中注意力,但上英语语法课时却很难专心。同样地,如果某个员工没能"理解"消息,不清楚某项工作背后的目的,那么,相较于那些了解工作重要性并认为自己与该项工作密切相关的员工,他更难集中注意力。所以说,兴趣、动机和选择都十分重要,它们关系到一个人能否全神贯注并长时间保持专注。专注的感觉很棒,专注状态下完成的工作通常都很出色。

我又向这位管理者提出了第二个问题:"工作时,什么会分散注意力?"

他回答说:"电话、其他人,还有各种扰人的声音和画面。"我进一步追问:"那么,如果你独立负责一个项目,没有外部干扰,你是不是就能持续专注了呢?还是说,会时好时坏?"

那位管理者斟酌了片刻,说道:"我每天专注的情况都大不相同,甚至可以说每个小时都不一样。我估计,这和我脑子里还想着别的事儿有关。如果说,我负责的其他项目还有没解决的问题,或是家里还有没处理完的事,那么一想起来我就会分心。事实上,经常有好几件事挤在同一时间,需要我分神去处理。当项目没有历史遗留问题需要处理,而我又能全身心投入时,我的注意力最集中。"

用相互竞争的待决事项来描述分心的缘由实在恰当不过。据我观察,自我2的待决事项通常很单调。它只想专注于任何可能实现其天性目标的东西。当自我2能不受自我1干扰时,它就以最小的代价,简练地表达出它的欲望。但是,如果自我2不能处理好自我1和各种外部压力导致的待决事项竞争,专注将难以实现。与他人沟通或解决工作难题的欲望,与避免犯错或争抢功劳的愿望,有着天壤之别。尽管自我1和自我2想要的结果也许相同,但自我1的欲望是因怀疑或恐惧而生,这完全不同于享受展现自我能力的自然欲望。总之,由怀疑与恐惧而产生的自我1待决事项,与简单纯粹的自我 2 待决事项，形成了竞争关系，它们都想赢得关注。当我们对手头上的工作感兴趣时，我们就有了真正的动力，自然能忽略自我 1 带来的干扰，进而实现放松状态下的专注。

自我 2 专注的出现，看上去十分神奇。我们的行动更加自动自发，而且出乎意料地毫不费力。我们的自我意识消失了，自我评判消失了，因恐惧和怀疑导致的过度控制机制也消失了。当出现这类专注时，我们既不会感到焦虑，也不会觉得无聊。取而代之的是一种极简状态，不太好描述，但本质上是令人愉悦的，且常能给人带来惊喜，甚至刻板的工作也能发挥创意。在这样的专注状态下，工作节奏自然可以轻松推进，并能让人产生愉悦感与满足感。

米哈里·契克森米哈在其著作《超越无聊与焦虑》中，将这一状态称为"心流状态"。他是这样描述的：

> 在心流状态下，似乎不需要行为人有意识地介入，行动会按照内在逻辑，一个接一个地连贯起来。他能体会到汇成一股的洪流牵引着他前行，其间他可以控制自己的行动，而自我和环境融为一体，刺激和反应形成和谐的整体，过去、现在和将来也契合无间。

华裔"冰上皇后"关颖珊在花样滑冰锦标赛上的表现，正是自我 2 专注的好例子。她和其他顶尖滑冰选手们都能在比赛中进入这种忘我的专注状态，哪怕身处顶级赛事的巨大压力下，他们也能表现出放松与优雅。其他选手和她的差距不仅表现在技术上，更重要的是，她将自己的欲望、能力以及举手投足间流露出的内在愉悦感完美地融合。真正抓住观众眼球的，不只是她传奇般的成就，还有她那完全没有自我干扰的状态，这让她的才华与实力展露无遗。

即使技能水平不高，专注也能产生同样的效果。在教网球时，我有个普遍发现，如果学员能集中注意力，专注于球体的细节，他的注意力就能从因怀疑和恐惧而产生的想法上转移出来。消除了干扰和过度控制，学员的球打得更好了，愉悦感也油然而生。自然而然地，技术会更加精进，技巧也会愈发娴熟。

ACT 三角与自我 2 专注

从网球场上，我学到了三件事，它们正是自我 2 专注的三大要素：觉察、选择和信任。无论做什么工作，这三大要素都能帮我们专注。

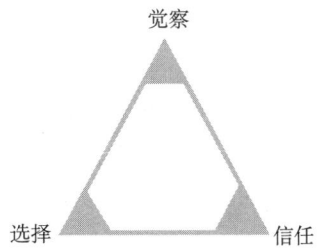

觉察：专注力之光　觉察就像光一样，照到哪里，就能看清哪里。正如聚光灯下物体会变得更加清晰一样，集中注意力也能使被观察的事物更加清晰明了。扩大焦点，你可以看到整个景观的全貌；缩小焦点，你可以看到该景观中某棵树上某片叶子的脉络细节。你甚至可以在专注某片树叶的同时，将整个景观留作背景去觉察。

通过专注的觉察，我们的世界变得简单易懂。当一个人只注意事物的表象时，认识就会比较肤浅。若想有深刻的理解，就需要注重隐藏在可见表象之下的东西。同样，我们对情况或物体的认识是否全面，取决于我们给予它多少关注，我们不仅要关注与它相关的各个方面，还要关注各方面之间的关系。因此，我们注意力的质量与个人的学习和表现的质量密切相关。

如果将注意力集中在过于狭窄的范围内，会引起所谓的"隧道视觉"，因而导致判断出错。个人或团队都有可能产生隧道视觉。当团队的注意力焦点受制于其成员的"自我1"待决事项时，团队的专注力就会丧失，其工作效率也会大打折扣。

选择与焦点　人们常常会看轻欲望带来的专注。扒手紧盯着钱包；恋爱中的人总注视着心爱的人。一个人为了达成所愿，会注意到任何关系到成功的要素。捕捞鳟鱼的渔夫不需要"努力集中注意力"，他自然就能捕捉到鳟鱼出现的信号。音乐家能听出与节奏、旋律和音调相关的变量。同样，处于恐惧中的人，会注意到任何令人害怕的事物；而愤怒的人会注意到任何令他生气的事物。欲望驱使专注。我们要选择，滋养哪些欲望，掐断哪些欲望。如果选择滋养自我2的自然欲望，就能建立稳定性，并踏上通往自我实现的大道。但是，如果选择滋养自我1的欲望，就会强化自我干扰，造成内在冲突，并导致分心。

人类有欲望，也有选择。我们可以选择滋养哪个欲望，掐断哪个欲望。经过我们的选择，我们创建起行动的优先顺序。当清楚这些优先要务时，我们更容易找到焦点。而当我们不清楚时，待决事项就会产生冲突，我们如堕五里雾中，不知何去何从，自然很难保持专注。

从根本上说，我们要在自我1和自我2之间做出选择。可以选择与自己固有的优先要务（自我2）相关联，也可以选择内化别人为我定下的待决事项（自我1），而后一种选择会导致我的注意力分散。当我有能力分辨出我自己的声音和"体内其他人"的声音时，我就能更轻松地实现自我2专注。我每一次集中注意力，都要练习一遍这种选择。

信任如何促进专注　这个问题引出了专注的第三个要素。为什么信任对专注至关重要？因为只有当你抛开某种心理上的控制时，你才能专注。当自我1处于怀疑状态时，就打破了心流状态。这时，你很容易就会听到脑海中的指令，它指挥着你应该做什么或不应该做什么，又或是质疑你所做的每一个选择。怀疑引起混乱和行动瘫痪。当你专注的时候，你清楚自己的目标，全神贯注于当下，就听不到自我1的声音了。

越是学着信任自我2，我就越不会受恐惧和怀疑的影响，也越容易保持专注。运动员、作家和创造性地解决问题的人，一旦抛开控制，魔法就会起效。如果我被自我1控制，就会得到自我1的结果。但是，如果让自我2采取行动，总会发生一些意想不到的事，动作自然而然会更优雅、更简单、更真实。每当我看到这些，不管是在我身上还是在别人身上，我都十分欣喜。那感觉很美妙！

若想有如此美妙的体验，便不能刻意去控制它，只能允许它。这需要信任和少许谦逊。谦逊是专注和信任的重要组成部分。而自以为是就是认为自己什么都知道，所以觉得凡事不必太在意。如果我相信自己能够承认自己也有不知道的，那么，我就会更加专心，也会好好学习。我会看到以前从没见过的事物和方法。这种新鲜的认知证明了自我2才是集中注意力的那个，而"无所不知"的自我1却很安静。抛开你自以为需要的自我1控制会令你惶恐不安。但是，你一定要相信，自我2会接管控制权，而它会做得更好。

对抗自我1，徒劳无功 当自我2专注时，一个人的行动就会流畅且有韵律，并使人获得内在的满足。专注似乎对什么样的事都能奏效。一般来说，专注时，表现会很顺畅，也并不费力，学习在不知不觉中自然发生，并会带来美好的感受。一旦体会到短暂的专注，我们就会想办法保持住这种感觉；若是失去了它，就会想找回它。专注的保持与恢复都应该是自动自发且顺畅的。然而，通常并不是这样的。这是为什么呢？

当我失去专注时，自我1和自我2之间肯定发生了冲突。但我能做些什么呢？如果我用自我1的招数去控制自我1，只会强化造成冲突的控制力。如果我一门心思地与自我1抗争，我的注意力就会更加分散。如果我试图强迫自己进入自我2的专注，就会延迟专注的恢复。如果我让自我1闭嘴，那么它恐怕会说得更大声。无论是屈服于自我1，还是直接与之抗争，结局注定都是失败。

那么，我能做什么呢？唯一对我有用的是选择自我2——认可它的欲望，并允许它表达自己。当我处于冲突状态，我怎么才能做到这一点？冲突的存在意味着自我2的存在！如果自我2不存在，就不会产生任何冲突。对抗本身就是自我1没能彻底掌控的证明。一旦我认可了自我2，就可以触及它，并随心所欲地给予它关注。通过这种有意识的选择，我忽略了自我1干扰的声音。些许注意力从自我1中抽离出来，削弱了自我1对我的影响，同时获得了更多使用自我2资源的机会。

练习忽略自我1 为了更好地实践，我对练习进行了一些戏剧化处理，下面这套练习适用于所有销售业务培训。我要求甲向乙推销，说服乙去做一些事，比如去看电影、读书、参加研讨会、买股票。然后卖方（甲）和买方（乙）要各自指定一人，扮演他们的自我1。自我1的任务很简单："你要做的就是分散搭档的注意力，但不能有肢体上的干扰，其他手段不限。"此外，他们必须轻言轻语，不可以大声讲话。

令人惊讶的是，自我1的扮演者们足智多谋、心思巧妙，他们分散搭档注意力的招数更是层出不穷。"看看他，我觉得他根本不买你的账……或许你该换个方法试试……总算说到点子上了！……这话，你自己信吗？……你得找到他的敏感点……你说的每句话，她都有异议……我觉得她可没那么喜欢你……好吧，她为什么要喜欢你？……你怎么不试着撩一撩她？……很好，现在好多了……总算有点进展……你要不要听听其他建议？……"

而在买方（乙）那边，你会听到诸如此类的窃窃私语："他这是强买强卖……他到底知不知道自己在说什么……别听他鬼扯……你觉不觉得他有点小傲娇？……别被他迷惑了……嘿，他觉得你对他有意思……我觉得他是在撩你……你能想象吗？……干吗不陪他演下去？……最后再戳穿他，然后彻底拒绝他……"

当我询问自我1的扮演者们在这个练习中学到了什么时，他们有以下几点清晰的认识：（1）他们诧异于自己的表现，没想到自己能做得这么好，进而意识到他们一定"练习了"很久。（2）故意捣乱很有趣，当然，这仅限对别人，而不是对自己。（3）自我1可以是消极的，也可以是积极的。但无论它们是在摧毁自信，还是在建立自尊，它们真正要做的，都是吸引

"受害者"的注意力。

买卖双方都吸取了类似的教训。一开始,他们并不清楚小声说话的家伙是不是来帮忙的。(就像我们平时很难分辨脑海中那个窃窃私语的声音是敌是友一样。)有些人认为:"也许他们是来当教练的。"如果自我1的扮演者们能扮演好自己的角色(这一点通常都不会出什么问题),无论是买家,还是卖家,都要花很长时间才能意识到,自己的注意力被分散了,并开始尝试自我保护。当然,如果他们试图挑起争端,和自我1争辩,他们注定会失败。无论是被认同,还是被质疑,对自我1而言并没有什么差别。因为无论是哪种情况,他们的目的都已经达成,他们成功地吸引了任务目标的注意。不论是买家,还是卖家,他们若想顺利完成任务,唯一的方法就是下定决心,忽视自我1的声音。能做出这种选择的人会发现,通过全神贯注地与他人交流,他们可以有效地屏蔽自我1的声音。

我们每个人都有窃窃私语的自我1。这个练习让我们明白:我们不必听自我1的话。每一次自我1占了上风,它们都能让我们相信,我们需要它们的建议,或者我们需要战胜它们。然而不管我们选哪种,它们都成功地分散了我们对手头工作的注意力。所以说,专注是对抗自我1干扰的最佳防御,同时也是最佳进攻。

为专注创造"内在环境"

一旦你开始练习专注,你学到的第一件事可能就是你有多么容易分心。这正是专注训练的关键环节。工作中什么会使你分心?大多数人都没有意识到自己的注意力是多么分散,直到有意识地学习保持专注才明白。所谓保持专注,并不是指注意力永不分散,而是要缩短注意力分散的时间。学习专注的最佳目标就是能够快速收敛心神。

先来学一学专注力缺失的警示信号吧。有时候,发挥失常所暴露出来的问题正是瞬间(或长时间)走神。当我焦虑、无聊或困惑时,也更容易失去专注力。那么，又是什么引起了这些感受呢？自我 2 专注通常有两个前提条件：充足的安全感和充足的挑战。当一个人体验的挑战过多，而安全感又极低时，他通常都会感受到焦虑或压力。当一个人体验的挑战极少，而安全感又过多时，他往往会感受到无聊。无论哪种情况，专注力都很容易丧失。

挑战过度 + 安全感极低 = 压力　需要满足"过多的要求"是专注力缺失最常见的情形之一。几乎每一位与我交谈过的企业高管都是在这样的情境下工作的——"我的时间永远不够做完要做的事"。所有要求同时叫喊着吸引我的注意，不仅如此，这种不知所措的状态还会削弱我的专注力。关键是要恢复对事情的选择，并最终缓解被过度需要的感受。

减少"需要"的方法之一，就是摆脱自我 1 的非必要要求，这种非必要要求往往是以完美主义、过度控制、避免风险等方式出现的。当你清除掉自我 1 可能提出的全部要求后，如果你的时间还不足以完成所有的工作，你可以看一看自己是如何、又为什么会接下超时间负荷的工作的，并决定要如何重新商讨工作量，或是将部分工作委派下去。一种方法是把你的时间分成三份。假如你只有实际可用时间的三分之一，你会怎么做？如果你只有三分之二，你会怎么做？你能用的可能就这么多时间，因为剩下三分之一的时间要花在无法预料的事情上。

归根结底，只有保持专注，你才能有效地完成工作。然而，当你得满足过多需求而感到超负荷时，就无法保持专注。当我抛开自我 1 的需求，放弃与之抗拒的情绪，我竟然可以节省出那么多时间，就连我自己都不敢相信。自我 1 喜欢把所有的时间都用在某个既定的任务上；而自我 2 喜欢省时省力地完成目标。当我摆脱自我 1 的模式，自我 2 会找到与其天性一致的工作节奏。无一例外，工作能够轻松地完成，并高质量高效率地达成目标。

挑战极少 + 安全感过度 = 无聊　当一个人因为工作或任务太刻板或不重要，而感到几乎不被需要时，无聊感就会取代专注力。就像前一章里描述的焦虑循环那样，无聊也会恶性循环。"这里好无趣"的认知会使神经系统中的受体① 关闭，形成一种毫无警觉、提不起兴趣的状态，从而导致人缺乏活动参与感，继而得出"这项工作很无聊"的结论。就这样不断恶性循环下去。

缺乏挑战和过度挑战同样会对自我 2 产生危害。自我 2 进入睡眠状态，这个人通常会感觉自己不得不通过工作之外的极端手段寻求"兴奋"与刺激，从而重新找回生命与活力。

这个问题有两种解决办法。一是，通过提高标准等方式，让自己更加注重细节（正如电话话务员那样），从而增大现有工作的挑战。二是，换一份更有意义或更具挑战性的工作。有时候无聊比焦虑更好克服，因为导致无聊的多数变量都在你的掌控之中。关键一点是，不要把自己和正在做的工作画等号。面对"刻板乏味的工作"，你仍然可以是个非常有趣且重要的人。同样地，你也可以是个在紧张的工作压力下依旧沉着冷静的人。这是你该做的，你要管好自己的内在环境，还要下定决心，不让自己长期处于无聊或压力之下。

重新找回失掉的专注　我想努力争取……我不想失败。我知道我能行……我也不能确定。我想负起责任……我不想承受压力。我想学弹钢琴……我不想在那些枯燥无聊的课堂上煎熬。我想对自己的感受敞开心扉……我不想感受伤害。我愿意冒险……我承担不起失误的代价。这些都是目标和欲望之间的冲突，而类似的例子不胜枚举。之所以会出现这样的情况，都是因为我们没能认清自己的优先要务，结果就是陷入无法保持专注的窘境。

所谓注意力分散，就是无法解决内在的、优先事项间的冲突。我们都生活在这样一个世界里：许许多多的要求压在我们身上。父母、上司、伴侣、高管、同事、老师、政府、朋友、宗教、教练、子女——我们的"理想"和事业似乎都有权利"要求"我们。大多数人都觉得，自己有满足他

---

① 受体是指任何能够同激素、神经递质、药物或细胞内信号分子结合并能引起细胞功能变化的生物大分子，其功能是识别特异的信号物质等。——译注

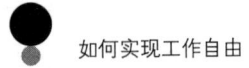

人部分或多数要求的义务，但却忽视了自我 2 的待决事项。

平衡、享受、成长都是我们的内在需求，我们要如何给它们排序？哪个先，哪个后？在生活中，我们能在多大程度上允许自己优先考虑自己？有些人会认为这种想法太自私。真的是这样吗？答案是否定的。我们都知道如果牛不吃草，就产不出牛奶供人食用。同样的道理，如果自我 2 不被承认和滋养，它又能有多少产出？是社会的本质创造了人类无止境的需求。然而，人类精神的本质却要追求自由。个体与其周边社会之间的这一基本矛盾，恰恰是我们无法专注的根源。

问题很简单，只有两个选项，但通常不那么容易选好。第一步，要把自我 1 的强制压迫与自我 2 的柔和催促区分开来。这种差别只可意会不可言传。自我 1 的欲望给人的感觉，就好比有一只手紧紧地握着方向盘带我前行；而自我 2 给人的感觉，好像我放松且坚定地握着方向盘来驾驶。自我 2 在展示自我时，是自然且愉悦的；而自我 1 却试图证明自己，或是尝试获得一些它不应得的东西。描述的方法有很多，但都绕不开它们给人的不同内在感受。

倘若我不清楚自己想要什么，就会受制于自我 1 的待决事项。这正是自我 1 一开始能变强的原因。而社会化意味着牺牲掉自己固有的导航体系，遵从"他人"的待决事项。只有消除掉这些内在冲突，或者所有欲望都和谐一致时，才会有自我 2 的专注。

选择和投入威力无穷，我们每个人都能获得。不要拘泥于正在进行的事，我们要把选择放宽，选择我们关注的人或我们的追求。这不仅是专注的关键要素，更是实现个人自由的重要一环。保持专注绝非易事，它需要觉察、选择、信任和大量的练习。

第四章
专注力练习

专注力练习中最重要的三个练习内容：
▷ 专注的沟通是有效工作的前提
▷ 专注于关键变量
▷ 挑选关键变量

专注是指集中注意力，这与你正在做的事是什么无关。它是一种可以反复练习的技能，任何活动都能用来练习：驾驶汽车、阅读书籍、解决问题、操控机器、倾听与倾诉、和他人共事或独立工作。

专注力练习中最重要的一件事就是不能强制。努力集中精力是行不通的。反而会产生挫败感、疲劳感和狭隘的眼光。专注跟随兴趣而来，而兴趣不需要强迫。只要在注意力的方向盘上，搭上一只温柔的手就足够了。

要牢记在心的第二件事就是，专注力练习是非评判性的。当你练习保持专注时，会更容易觉察到令你分心的事物。如果你因为失去专注而生自己的气，那只会令你的注意力更加分散。你也可以把自己当成一个学习者。作为一个学习者，我想要保持专注，但我也有兴趣找出是什么令我分心。

当指导学员聚焦网球球体时，我主要是鼓励学员专注于球体的飞行过程，找出能让他感兴趣的具体方面。当学员注意力分散时，我可能会问："你的注意力跑哪儿去了？"学员会思索片刻，然后惊讶地表示，他的注意力怎么未经他允许就被分散了呢？只要留意是什么转移了注意力，通常就足以削弱这股令人分心的力量，使注意力更加集中。

我们不该因此就把所有注意力的转移和失去专注画上等号。当自我 2 发现一些有趣且与当下正处理的事相关的事时，会自动转移注意力。只有当我学会注意到我的注意力转移时，我才能判断出这种转移是有助于我实现目标，还是会让我远离目标。

当你开车时，为了获得必要的信息，你的注意力会多次转移，从而保证路线正确与行驶安全。这种注意力的转移，不仅不会妨碍驾驶，反而对安全驾驶至关重要，甚至可以用来提高专注力、改善表现。举例来说，有一次我开着车，行驶在乡村的土路上，弯路一个接一个，我开始留意自己的目光落到了哪里。随着专注力的提升，我的目光从弯道的起点，投向了弯道的终点。将注意力集中在弯道的终点，让我能更轻松地通过弯道。只是觉察到自己的注意力放在哪儿，就能提升你的专注力。

练习专注力就是要能够充分觉察，并找出影响专注的变量。当你注意到是什么分散了你的注意力时，你的优先事项就会变得清晰，专注力也会得以强化。无论在什么活动中，这都是练习内在游戏的核心。随着专注力的增加，自我干扰会减少，表现也必定会更好。

专注地沟通　在工作中，与他人沟通交流是最有价值的专注力练习之一。良好沟通是有效工作的前提，而集中注意力是有效沟通的关键。同样地，这也要从非评判性的观察做起。

你有没有注意过，当你和另一个人谈话时，你自己的脑海里也在进行另一番对话？我发现内在的评论和感觉常常会分散我的注意力，令我无法完整地听清对方说的每一句话。我发现自己的想法是，我已经知道对方要说什么了，所以没必要用心去听。我思索着，自己是否要赞同对方所说的话，并在默默演练下一步我要如何回应对方。这样的内在对话吸引走了我多少注意力呢？

听别人说话这事和专注网球球体并没什么两样。别人的声音朝你而来，你需要给予回应。当沟通朝你而来时，你会想些什么？又会有怎样的感受？你会不会觉得自己就像那个网球运动员，被一记刁钻的反手球所威胁？"这话就是在针对我的弱点"或是"这个观点我可不认可"。和那位自我防卫的网球运动员一样，这位听者陷入了自我干扰的循环。脸红、呼吸浅、身体姿势紧绷等生理反应，扰乱了内在环境的和谐。听者很容易进入防备状态，这使得他很难做出恰当的回应，正如网球运动员面对刁钻球时很难打出高水准回球一样。

若是我不管自我 1 的控制机制，把我的全部注意力都集中在说话者身上，我的想法会发生怎样的变化呢？我真的需要在对方说话的时候进行自我评判或是演练我的反应吗？事实上，当我更投入地聆听时，对方会注意到我的专注，因此，他也会更专注地说话和聆听。这样一来，沟通质量普遍都会有双向的改善。

听与说 单凭训导是无法实现自我 2 专注聆听和诉说的。你必须让自己对他人产生兴趣。然而，只有当你抛开自己已经知道对方要说什么的假定时，你才会产生兴趣。抛开这一假定，会令你感觉心扉更加开放，也更容易受到伤害，但这对自我 2 的专注至关重要。当我们接纳这些感觉时，就能更加专注于对方的感受和谈话的内容。反之，如若我们不愿意敞开心扉，处于不明所以的状态时，我们就会变得戒备、焦虑或无聊，动辄就妄下判断。

我来举一个简单的例子说明一下自我 1 聆听和自我 2 聆听的区别吧。为了完成某项任务，我曾经参与过一个工作小组的碰头会。在这个小团队中，有位中年管理者总会惹怒我的自我 1。几乎她每次开口说话，都是在给别人提建议。一旦有人想表达出某些顾虑或是指出某个问题，她总会不假思索地说上一句："你为什么不这么做？"一听这话，我的自我 1 就忍不住评论："别人没问你的意见好不好？最讨厌你这种自作主张给别人建议的人了……"这句话是在批判她，但我平时也是这样批判自己的。当然，我越是把注意力放在这种惹人厌的行为上，我就越无法留意团队其他成员的谈话，也就越难为手头的任务做出贡献。自我 1 的内在评估是"这次会议纯属浪费时间"。

午餐休息时，我和团队里的另一个人聊了起来，他觉得这次的会议让他获益良多。当我提到那位管理者有多恼人时，他承认他也注意到了她的那些行为，但却并未深究，因为他对会议中的其他事情更感兴趣。"还有就是，我了解她，虽然她有些随性，喜欢擅自提建议，但她是我身边最睿智也最富同情心的管理者之一。"听了他这番话，我十分震惊，就好像我俩参加了两场完全不同的会议，谈论的是两个完全不同的人。我意识到我参加过的那个会议不是我想要回去的，也意识到自己其实是可以选择的——不是选择是否继续参会，而是选择在开会时我要听些什么。我做了一个简单的选择，我要去听团队中令我欣赏的事，我不要去理会那些我会批判的事。

客观地说，午餐后的会议内容只有少许不同，但上午我却认为是在浪费时间。在主观上，我将上下午的会议认定为截然不同的会议。那位爱提建议的管理者的行为并没有发生改变，但我对她的看法却改变了很多。我发现她的确有头脑又富有同情心，是一位相当出色的管理者。尽管我仍旧不喜欢她爱提建议的行为，但我能把她这个人和她的行为区分开来，这使我看待她的方式有了翻天覆地的变化。我看到的不再是一粒"痘痘"，而是整张脸。用同样的方式来看待这次的会议，我也能更加专注地聆听团队其他成员说的话。出乎意料的是，我发现团队的工作有了实质性的进展，而我也找到了几次机会，尽我所能为那次的任务出一分力。会议结束时，我不得不承认这是一次富有成效的会议，恐怕这整天的会议一直都富有成效。

这是一次宝贵的学习经历，它让我认清了自我1聆听和自我2聆听的差别。人很容易陷入自我1的批判心态中，他会到处寻找证据来支撑自己先入为主的观点。而我很少能意识到，浪费我时间的人可能不是别人，而是我自己。我用这样的态度聆听，就是在浪费自己的时间。尽管把责任推卸到他人身上、会议上或生活本身上更简单，但事实是，在这件事上，我是有选择的余地的。

要真正理解别人说的话，需要花费很多注意力。研究人员已经充分证明了，即使传递简单信息，人们通常也不会用心去听对方说了些什么。我们只会听见我们想听的部分。雪上加霜的是，人们往往不会直接说出他们的真正用意。说话者出于礼貌不评头论足，或是为了给对方留下好印象，想表达的意思就在言谈话语间被掩盖了。若想听懂一个人真正在说什么，就需要全神贯注地聆听听众的话语。既然我们的注意力直接关系到我们的理解能力，而理解一起工作的同事也直接关系到我们的绩效表现（尤其是在团队中），那么专注聆听的价值自然非同小可！

不仅聆听如此，说话亦如是，听与说都需要集中注意力。我们是不是想到什么就说什么，也不管要说的话是否与话题相关？在说话时集中注意力是指，说话者所说的内容要和话题有关，且通过他的表达，听众能够理解并尊重他所说的话。

人们不喜欢商业会晤的原因之一，就是这类会谈全无焦点可言。即使有预先拟定好的议程，还是会有人说一些与前一人所说毫无关联的话。一旦出现这种情况，就可以确定第一个人说话时，第二个人根本没有专心聆听，他只是在考虑接下来他自己要说什么。如果我们分析一下职场中的对话，你可能会惊讶地发现，许多对话都十分跳跃，毫无连贯性可言。

还有一种情况也让人很难保持专注，那就是明明一句话就能说清楚的事，说话的人偏偏要扯上好几分钟。说话和体育运动一样，自我2喜欢简洁地表达自己的想法。

在我们的生命中，沟通无处不在，它为我们提供了理想的练习机会，我们每次聆听或说话时都能练习专注。

专注于关键变量

我们通过注意力来接触周遭的一切，从而了解这个世界。而注意力会随着我们的兴趣不断转移。无论参与什么活动，我们都有无数可关注的对象。只有了解整个情境后，我们才能决定要关注哪些事物。反过来说，我们的理解恰恰要通过注意力感知获得。因此，虽然每次集中注意力都能加深我们的理解，但理解也会因注意力的撤回或分散而被削弱。

当选择要关注什么时，自我 2 就是我们固有的智囊。而自我 1 则是分散注意力的主要干扰源：它会破坏我们的专注，令我们认不清自己的处境，也不知该何去何从。只有自我 1 静默不动时，才会出现自我 2 的专注，自我 2 会自然地选出那些最相关的事物。我将这些事物称为"关键变量"。在自我 2 清醒的状态下，注意力会自动转向这些关键变量，每次观察都会带来新的信息。因此，理解会自动加深，而随着理解加深，更好的选择和更佳的绩效表现会出现。

专注于速度 我教儿子开车时，基本上全程用的都是将注意力集中在关键变量上的练习法。那年，史蒂夫还不满二十岁，我让他先坐在副驾驶的位置上，我们从非正式的"觉察游戏"开始。我会问诸如此类的问题："现在，咱们的车在车道的什么位置？偏左，偏右，还是在中间？"或者："咱们和前面或后面那辆车之间的距离有几个车身？"我问这些问题的目的，并不是要史蒂夫说出正确的答案，而是为了提高他对距离和空间的觉察力。

然而类似于"我们的车速有多快？"这样的问题，就无法提供令人感兴趣的专注机会。我们不能看仪表盘，只能盲猜车速。我俩各猜一次，然后再看仪表盘进行确认。接下来我会问，你观察到了什么，才有了刚才的猜测？我们开始注意速度这一变量的次变量。例如发动机的响声，风挡玻璃上的风声，或是轮胎摩擦地面的声音，这些都能提供与速度相关的听觉信息。白色分道线、电线杆、树木以及其他静止物体的相对运动都能提供视觉线索。关注这些感官线索，能令驾驶课变得生动有趣并易于理解。更重要的是，这些全都围绕着意识和准确性，并不是对驾驶技术好坏的评判。

等到史蒂夫坐上了驾驶位，我们的对话仍旧是不带评判的。我们先简单地说了一下驾驶的目标——安全且合法地从甲地驶往乙地。明确了这一目标后，我就开始提一些关于觉察的问题。我问前几个问题时，史蒂夫开得都很好。我们可以用平静的语调，一问一答。无须批评指责，这种非评判性的语境使学习进步飞速。我不必操控着史蒂夫做出"正确的行为"，他只要接受挑战,尽量保持觉察状态即可。我很讶然,史蒂夫的觉察力居然这么强。车内的气氛舒适融洽,完全没有关系紧张的问题。

在体育运动中,关键变量通常是身体变量,然而在工作中,关键变量可能是身体的和(或)心理的变量。神奇的自我2专注并不完全取决于你选择了哪个变量,而是取决于你关注的那些变量。专注于任何一个变量,都能帮助你进入非评判性的觉察状态,从而减少自我干扰。所以,不要过于担心能否选择到"正确的变量",条条大路通罗马。

销售时,要专注于关键变量 买和卖是最古老的也是最普遍的两项活动。我们每个人都买东西,而大多数人也卖东西。即使不是为了生计,我们也会售卖我们的创意、我们的劳力、我们的观点,或是我们的意见。销售的总体目标是"提高感知价值",从而创造出预期结果。与此相关的书籍和课程不计其数,其中的理论方法更是千差万别。然而,我有一个非常有意思的发现,只要集中注意力,一个人就能在销售过程中培养出无比强大的技能。

每当我在研讨会上谈及这一话题,我都会问在场的听众,谁有和五岁的小孩打交道的亲身体验。"五岁的孩童有多么擅于推销?"我问。大家的态度高度统一,几乎所有人都很佩服孩子们的销售能力——孩子们会很有技巧地向父母推销他们想要的东西。"他们与买家是否建立了融洽的关系?"是的,这是天生的。"他们在处理异议时是不是很有创意?"是的,他们的鬼点子花样百出。"他们是否清楚买家的'敏感点'?"了解得非常深入。"他们懂不懂失败了就要收场?"从来不会。"如果被一个决策者拒绝了,他们是否会寻求其他决策者的认可?"一向如此。"他们对不同买家采用的推销方法一样吗?"不,他们见人下菜碟。"他们会不会因为害怕被拒绝或害怕失败,而放弃再次尝试?"不,除非我们充分满足了他们的需求。"那么问题来了,这些五岁的孩童是怎么培养出如此出众的销售能力的呢?他们是上了什么销售课程,或是套用了什么成功的推销模式吗?还是说,他们对自我2潜能发挥的干扰比较少呢?"

小孩子是如何学会这些销售技巧的呢？我认为与其说是通过观察父母的销售行为，不如说是通过密切关注父母的购买行为。孩子们自然而然地报名参加了一门叫作"在体验中学习"的课程，在这五年多的学习中，他们发现观察、尝试、犯错和调整就是最好的学习方法。

孩子们可不会把学习销售当成"工作"去做。他们只是在学习如何获得自己想要的东西，销售不过是这一自然过程中的一环。一个五岁的小女孩很清楚自己的目标和愿望，她会本能地密切关注关键变量，并根据自然法则调整她的行为：怎么做感觉更好，怎么做才会奏效。在每一个销售情境下，她都能学到东西。随着不同的策略被证实对某个买家有效或无效，她会改变战术。在尚不具备抽象推理能力的时候，这个小女孩就培养出了这些技能。那么，作为成年人，当我们把思考的能力和我们天生的在体验中学习的能力结合起来时，我们就拥有了最强大的资产。

关于如何集中精力销售，我们从这个五岁孩子身上学到了什么？这位年幼的销售员觉察到了哪些变量？第一个变量是她的动机。她很清楚自己期待怎样的结果，她非常自信，且志在必得。但最重要的是，她对客户的敏感度极高。她能够觉察出客户的兴趣程度和语音语调的细微变化，并判断出客户表现出的态度是真是假。她还能敏锐地觉察出买家的意愿，哪里有空子可钻，而哪里又是死路一条。这些都是销售中显而易见的变量，然而更老练世故、更有"学识"的成年人却常常对这些变量视而不见。有时候，正因自我2有这种更加孩子气和更加天然的特性，它说出来的话所产生的效果远比我们预想的还要好。我曾有过类似的体验，当时我被派去向AT&T的销售员培训师们"推销"内在游戏销售法。

AT&T实例：专注于推销的自我2　为了转型成一家具有竞争力的、以市场为导向的公司，AT&T投入了大量的时间和资源，并在科罗拉多州博尔德市为销售人员修建了一所销售培训学校。AT&T尽其所能，聘请了一批最优秀的顾问，引进了最尖端的技术设备，配以最前沿的销售课程，为学校打造出一整套先进设施。公司的营销副总裁阿尔奇·麦克吉尔认为，内在游戏的这套理论能在这所培训学校发挥最大的作用。他邀请我与加州一家顶级销售业务培训公司合作，为AT&T的销售员设计一套内在游戏培训课程。

我和销售培训公司的总裁比尔应邀来到AT&T的总部，介绍我们设计的课程。那是我第一次做如此正式的报告。当我们被带进一间明光锃亮的会议室时，我感觉有些害怕。我感受到了来自比尔的压力——他要我"拿下这单生意"；我也感受到了来自其他人的压力——他们希望这次的会议值得他们花费宝贵的时间。按照会议议程，首先由AT&T的设计团队进行汇报，他们精心准备了幻灯片，报告细致周到、条理清晰，足足讲了一个小时。他们培训计划的卖点在于，销售员要推销的不是产品，而是"问题的解决方案"。因此，学会"发现客户的需求"是需要培养的一项基本技能。他们的眼界、企划以及本次的呈报都令人印象深刻，就像擦得锃亮的会议桌一样，都给我望而生畏的感觉。终于，他们以胜利者的姿态，结束了幻灯片的放映，他们的汇报赢得了众人的点头赞许。

随后，所有的目光都向我投来。"现在，让我们来听听您对我们工作的评价吧，还有就是请您谈一谈，内在游戏能对我们有什么帮助。"其实，我可以按照准备好的报告进行汇报，但我知道那么做并没有多大意义，因为对方的报告已经覆盖了所有的基本信息点。我坐了好一会儿，认真思索着我该怎么做，我发现他们并没有真正地表达出他们的需求。于是，我开口说道："我实在没什么可说的。"然后我就静静地坐在那里。众人讶然，比尔也没有料到我会这么做。他用胳膊肘使劲顶我，这是在催我按计划做报告。

我没有冒险走上讲台，只是从座位上站起身来，十分诚恳地说："贵公司的提案让我印象深刻。按照目前的描述，贵公司并没有什么问题，也没什么需要改进的地方。我要恭喜各位，你们的工作做得非常出色！"说完我就坐下了。

蓦地，提案主讲人（某海军陆战队前上校）的心情发生了变化。他的双眼因窘迫而微微湿润。五分钟后，他终于卸下了防备，说出了他们所面临的种种难题。听他们表达完需求，我觉得是时候做我的报告了，这让我的搭档松了一口气。事后，他还问我是从哪儿"学来的花招"。

这并不是什么花招，而我之前从没有这么做过。那只是自我 2 坦诚的表现而已。我没有算计会有怎样的结果，但我知道我在做什么。幸运的是，当时的我并没有意识到这种行为在企业界是多么罕见。

或许，我从这次推销内在游戏的过程中，学到的最重要的东西就是信任。当买卖双方相信彼此的诚信时，整个交易过程就会变得相当简单，买卖可以直接进行，完全不需要耍什么心计。然而，我所看到的销售对话，大都建立在不信任的基础之上，所谓不信任大抵是对推销这码事而不是针对人。

在销售过程中，信任无疑是一个关键变量——也许是最关键的。我看过很多销售培训课程，都是在指导业务人员如何建立信任。当信任成为达成目标的技巧时，信任的本质就变成了操控。一般来说，随着时间的推移，客户会学会如何抵制这种操控，而整个销售过程都会深受影响。

信任和真诚一样，很难下定义，也无法"制造"。建立信任最简单的方法就是避免做那些破坏信任的事情，并在信任出现危机时及时修复。要做到信任客户会购买对他有意义的东西，销售员就不要再用什么操控技巧。这样才能开启另一种对话，在新的对话中，销售员会更加关注影响客户购买的重要因素。

小练习：专注于兴趣程度 在一项专为 AT&T 业务人员设计的练习中，我邀请了两名志愿者，分别扮演二手车交易中的买家和卖家。他们有五分钟时间进行销售对话。我告诉卖家的扮演者，在这五分钟里，他只需将注意力集中在买家兴趣程度的变化上，并指导他不要做任何影响兴趣程度的事情。同样地，我要求买方的扮演者和观看练习的学员们一起观察买方的兴趣程度，并在每分钟结束时将观察结果记录在一张简单的图表上。

在练习的最后，买卖双方将观察结果记录在他们各自的图表上。买方记录的兴趣程度曲线是这样的：3　4　7　5　7。

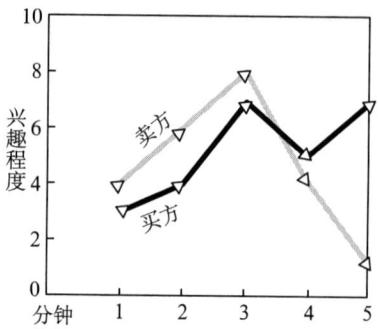

卖方记录的曲线是：4 6 8 4 1。

当我询问卖家他的观察结果时，他的回答是："对方的兴趣程度一直在稳步攀升，可最后却跳水式下降，而我也放弃了，并最终失掉了这位客户。"

当我询问买家同样的问题是，得到的回答却是："嗯，我挺感兴趣的，直到第四分钟时，我感受到了对方的异议。卖家那边也发生了一些变化。他似乎一下子就轻松自如了，而那个时候我正准备下单呢。"

对卖家来说，买家的回答无异于一道晴天霹雳，这也给他上了十分重要的一课。就在他放弃的那一刻，客户却要购买了！而他竟然没有看出来。

"买家最后一次提出异议时，我的回应糟透了，"卖家的扮演者说，"于是，我索性放飞了，爱怎样就怎样吧。"

买家的扮演者表示："我感觉迫使我购买的压力突然间就消失了，我自己也很惊讶，压力的消失竟然是我购买的动力。"

卖家的扮演者认识到，自己在不知不觉中给买方施加了购买压力，这无形中导致了客户的异议。当他不再施压时，客户的异议反而消失了。事实上，他为自己能坚持到第五分钟而自豪，同时也对自己在最后一分钟放弃感到不满。

专注于客户感兴趣的程度，减少了自我1的干扰，促进了自我2的学习和创造力。卖家的扮演者还发现，聆听质量的高低会大大影响他与买方的沟通效果。人们能感受沟通时对方是否走心了。他们也知道什么时候你只是在等他们说完，这样你就可以表达你的观点了。当一个人全神贯注地倾听另一个人时，这种专注往往会感染对方，从而影响到双方谈话和聆听的质量。

专注于结果　在一次针对管理者的内在游戏研讨会上，一位事业有成的牙医问我，内在游戏要如何专注于关键变量，又该如何应用到他的诊所管理上。他所谓的难题其实很简单：患者要在候诊室等很久。他觉得患者的候诊时长不应该超过 20 分钟。为了解决这一问题，他试过了许多传统的管理方法，但都没有奏效。

有许多不同的变量都可以用作学习的专注点，从而带来更好的结果。我建议大家专注于想要的结果。"既然时间是这个问题里最终的关键变量，为什么不去专注患者的候诊时长呢？"我这样建议他。诊所的大多数员工无法直观地观察到候诊室的情况，他们只能通过观察可目测的其他变量做出合理估测。这是一个简单的觉察游戏，每位员工都要在下班前，写出他们认为的候诊超过 20 分钟的患者人数。这么做的目标并不是要做什么改善，只是要准确地估测人数。第二天早上，所有人的估测数都被贴了出来，一同张贴出来的还有候诊室接待员通过直接观察得来的准确数字。我建议这位牙医先做两个星期的实验，然后听取团队的建议，再决定要如何改进。

两周后，这位牙医打电话给我，他非常兴奋，也非常惊讶。第一天下班时，候诊超时的人数从之前的日均 15 人下降到 10 人。等第五天下班时，候诊超时人数归零。而整个第二周，平均每天只有不到一人候诊超时。他曾问过他的员工，他们做了什么改变，然而没人说得出来。"所以说，这次真的成功了，"他说，"但我不明白，这到底是怎么一回事。"

我也不知道为什么，但我并不惊讶。我所知道的是，这些员工越来越留意关键变量，而且在不知道如何确切地利用时间的情况下，开始更合理地利用时间。我还有这样一个猜测：因为没人感觉自己是受监管的，就是为了获得更好的结果，所以工作人员在练习中的抗拒感也较小。提高觉察力并减少干扰的做法再一次产生了积极的结果。

将时间列为关键变量　对于大多数工作活动来说，时间都是关键变量。

在一个组织中，无论是哪个级别的工作者，最常抱怨的可能就是："我的时间根本不够完成所有必须完成的工作。"完成一项工作所需的时间，可以是专注的助力，也可能是专注的阻力。

我有一位高管朋友，他对时间管理的概述十分有启发性："没人能成功地管理时间。如果有，那也是时间管理你。"就在我思考他的这句话时，我发现"时间管理"这个说法就有问题。时间是什么？那是我们的自我 1 自认可以掌控的东西，但实际上，"老人河总是不停流过"①，历史的车轮滚滚转动，我们能做什么？我们顶多能在有限的时间内做出明智的选择，决定我们该做什么。然而时间本身，并不由我们来掌管。

我们力所能及的是更加清醒地觉察到，时间与我们手头上的工作之间的关系。许多人会把他们想在某天内完成的事情列成一张清单，然后惊讶地发现，自己竟然没能按设想的那样完成所有的事。会不会是我们并不清楚某些任务需要花多长时间？

时间觉察练习　内在游戏的一个基本前提是：在试图改变某件事之前，你要提高自己对事物本身的意识。如果我想学会如何更好地利用自己的时间，我会估算一下完成待办事项清单上的所有任务需要多长时间。我可以先估计一下某项具体任务的耗时，然后再看一看真正的用时（在做这个练习时，可能需要记下意外中断的总耗时）。我可能会感到惊讶。即使是那些日常任务，大多数人对时间的流速都不是特别敏感，就更别提那些偶尔才会做的任务了。当我们练习如何对任务更有时间概念时，我们一定能吸取一些非常有趣也非常重要的经验教训，从而提高限时任务的工作效率。

许诺出去的时间，比自己拥有的时间还多　就在几年前，有段时间我的工作量特别大，我感觉自己有些不堪重负。我想不明白，怎么那么多工作都落后了。我决定花几分钟时间，列出我接下的所有工作，并估测一下每项工作所需的时间。当我把所有时间加在一起时，我才发现即使保持高

---

① "Ol' man river just keeps on rolling along"为美国歌曲《老人河》(*Ol' Man River*) 中的一句歌词。——译注

效工作，这些工作也要花掉我 200% 的可用时间！

我在接下这些项目时，会判断它们是否值得，我主要从其盈利能力、重要性以及我对该项目的兴趣程度这三个方面考虑，或者是对三者综合评估。当我对每个项目说"好"的时候，我感觉很棒，甚至有些沾沾自喜。但是，和所有人一样，我的时间是有限的——每天就只有 24 小时。我许诺出去的一些时间是我没有的。如果我的时间是银行里的钱，那就好比我有 240 块钱，但我却答应了三个人给他们每人 100 块钱，又答应了另外五个人给他们每人 40 块钱。这根本不可能，也毫无诚信可言。

我的自我 1 可以自大地认为，它不必考虑时间是否有限，只要它想接，就可以接下任何项目。而自我 2 呢，虽然其潜力无限，却只顾着怎么省钱省力地实现目标。但即便如此，自我 2 也无法完成不可能完成的任务，特别是自我 1 还在分散注意力，就更是雪上加霜。

注意你注意到的事物　无论在怎样的情境中，注意你注意到的事物，都是找出关键变量的最佳方法之一。这是什么意思呢？假使你让三个人从同一扇窗口往外望，然后分别问他们，什么东西"最显眼"？他们会给你三个不同的答案。在一个场景中，会有成百上千种可能，有人注意到远处农舍屋顶上的破洞，另一个人注意到天空的颜色，第三个人注意到不远处梧桐树上正在变色的树叶。在你遇到一个人，或是看待一个商业问题，又或是审视一件产品时，都会发生同样的事情。每个人的注意力都是有选择性的。被选中的事物往往能够告诉你一些有关观测者的重要信息，以及被观测对象的重要信息。无论是体坛教练，还是企业教练，都会教导学员留意他认为最显眼的事物，这将提供非常有价值的线索，指引学员找到注意力的焦点。

举例来说，一个曾和我共事的管理者团队，要我帮他们提高会议的质量。我照例询问他们："据你观察，你们的会议中什么最显眼？"他们给出了三个简单的观察结论：(1)"我们不会恪守会议议程。"(2)"会议不会按时开始，也不会按时结束。"(3)"会上大部分的发言，都出自个别的几个人。"基于这些观察结果,我们可以对会议进行深入分析,并从中摸索出一套改进措施。不过,我采取的方法更简单。我让一位管理者把注意力集中在"遵守议程"上,一旦他发现发言偏离议程,他就要举手示意,别的就不用他管了。另一位管理者要观察会议开始和结束的时间,他还要逐一记录每项议程的用时。第三位管理者要记录每个人发言的频率和总时长。我既没有给他们改进建议,也没有强迫他们做任何修正。但就在几周后,仅仅是因为团队对这些变量的意识提高了,会议准时开始准时结束,偏离议程的情况越来越少,与会者发言的时长日渐平均,发言的内容也愈发简练。

过去,我都是这样告诉我的网球学员的:如果他们不愿听从职业选手或搭档的指令,他们可以将行为指令转化成观察关键变量。如果专业人士说:"飞到你眼前的球,你都没打到。"那么,他只要开始观察自己实际的击球点就好,相信自我2会自动修正。同样地,上司、客户,甚至是你自己都会要求你做出改变,最好的处理方式既不是抱怨,也不是抗拒,你只要观察蕴藏在"指令"中的变量就好。在绩效评估时,管理者可能会被告知:"你不能再这样挑剔下属了。很多人都跟我反映过你的这个问题。"或许这位管理者也是认可的。那么,如果他不把"不要挑剔"这一指令内化,而是将自己和他人言行中的"挑剔"作为变量去观察,会发生什么?如果他只是留意一下,又会怎样?我猜,等他真正意识到"挑剔"发生得有多频繁时,他就会发现挑剔变少了,或者至少挑剔变得更恰当了。

挑选关键变量 在选择要专注哪个变量时,我们要谨记以下三点。第一,变量必须是可观测的。专注的一项功能就是让你的注意力停留在此时此地。因此,专注的对象应该是当前可以直接观察到的。由此可见,沟通中对方的肢体语言比"获得认可"更适合当变量。第二,有趣的变量更有益。留心听沟通中的情感和意图的微妙之处,比单纯记录所说内容更有趣。正如AT&T话务员的试验,聆听语音语调比只听内容要有趣得多。第三,有效的关键变量一定与任务目标相关。在所有相关因素中,可能有一个或多个要素最需要你注意——要么是因为你倾向于忽略这个特定的变量,要么就是因为它特别重要。例如，一个正在学习如何少"施压"的销售员，会把注意力放在客户坦诚或抵触的迹象上。这样的觉察练习有助于手头任务的开展，也有利于达成期望的学习效果。

显然，自我2专注时会追踪多个变量。在我们的培训过程中，许多销售员都提到了下面这些变量，它们是高效销售与购买的重要变量。我把这些关键变量列出来，仅仅是为了举例说明它们的用法，并不是说关键变量只有这几个。

信任——留意你自己和对方是否坦率、坦诚。
尊重——是俯视、仰视，还是平等地直视。
控制——谈话的节奏由谁掌控？何时掌控？
时间——说话的时长和聆听的时长。
明确——客户感知到的需求与感知价值是否清晰明确。有什么阻碍？
压力——在选择过程中，双方给予的压力和尊重。
动机——双方的动机水平、方向和时机。

总体来说，我发现最好选择一个简单且易于观察的关键变量，例如：打网球时的"反弹－击球"、开车时的车速、推销时的兴趣程度。这个关键变量不需要费脑筋去观察。更准确地说，这个变量是无倾向性的，能让人有意识地集中注意力，从而更充分地发挥自我2的才能。身为一名教练，让我感到惊讶的是，当意识集中在一些简单的事情上时，自我2能够进行非常细致且复杂的学习。

集中注意力会产生两重效果。一方面，它能让大脑接收到更顺畅的信息流——我更清楚地看到球，更清晰地听到对方说的话，因此能做出更好的回应。另一方面，它减少了自我干扰，能让我更好地运用自我2。从这个角度来看，关注的焦点是什么并不重要；只要你集中注意力，妨碍你学习与表现的阻力就会减少。

外在变量和内在变量　在任何既定的任务中，外在变量可能包括已明确的任务目的、可用的资源和工具、其他人、成本、时间期限，以及要求的标准。内在变量可能包括动机、态度、价值观、假定、信念、定义、背景、观点和感受。无论是外在变量，还是内在变量，它们都是成功的关键。大多数人更习惯关注外在变量，然而，关注内在变量的益处也很多，毕竟我们对内在变量的掌控度更高。在选择要关注的变量时，要以你当时的表现和学习目标为依据。

注意态度　给你一句忠告：专注点越靠"内"，评判就越要不得。发现自己态度"差"，可比发现某个外在问题更令人担忧。而摆正态度也比纠正错误需要更大的勇气。一旦你觉察到自己有怎样的态度，就应了那句话——"觉察本身就是疗愈"。听一听自我1对你说的话，那口气就像你爸妈："你这是什么态度？"这可不是觉察。你听到的只是自我谴责。你还得经过一番努力，才能寻回掌控态度的那部分自我。不过，一旦你能做到这一点时，你就能令想法和感受协调一致。

我的一位教练曾做过这样的解读：我们的想法和感受就像机舱上方行李架上的行李一样。如果飞行姿态①陡然上升或是急速下降，行李就会在行李架里撞来撞去。不管你怎么尝试，都无法让它们各归各位。唯一的补救方法就是找到能改变飞行姿态的操纵杆。

小　结　若想学有所成，没有哪种通用技能比集中注意力更重要。和大多数技能一样，专注需要练习和有意识的努力。不过，与大多数技能的不同之处在于，无论是脑力活动还是体力活动，我们都可以用来练习专注。在练习中，我们需要进攻，也需要防守。这里的进攻是指，有意识地选择需要关注的关键变量，内在变量也好，外在变量也罢。而防守的意思是指，觉察出是什么分散了我们的注意力。专注力练习能使注意力的肌肉更加强健，尽管有时是痛苦的，但专注力练习也暴露出能够分散我们注意力的因

---

① 英文单词attitude一般指"态度、姿势"等。在航空英语里叫"姿态"，是所有飞行仪表中最重要的一个。——译注

素。若想专注，就需要强健有意识选择（自我2）的肌肉，同时削弱无意识选择（自我1）的拉扯力。下一章将探讨我们在工作中的无意识态度，并重新定义工作，从而使我们更轻松地保持自我2专注。

可能存在的外在和内在关键变量列表

任务	期望的结果	外在关键变量	内在关键变量
开车	安全地从甲地开到乙地	速度、空间、位置、天气、路况和车况	驾驶员和乘客的态度、专注力、分心物、舒适度
沟通	发出和/或接收信息、达成共识	对方的兴趣程度、明确度、简洁度、语气、相关性	态度、专注力、你要听什么、你的尊重程度、感受、观点、假定
体力劳动	完成任务、学习、享受	时间、你的身体、工具、行动的经济性、任务本身、其他人	态度、专注力、放松、平衡、压力、无聊、享受、目的
脑力劳动： 解决问题 计划	解决问题、学习、享受 制订计划	时间、愿景、信息、规格、资源、替代品、后果、其他相关人员	态度、安全感、观点、假定、欲望、疑虑、评价标准、目的

第五章
重新定义工作

若想长时间保持专注,我们就需要重新理解工作:
工作铁三角的三个要素之间保持动态平衡的关系。

▷ 表现:过于强调绩效目标并不意味着能力的提升
▷ 学习:学习旨在实现能力的变化,从而在未来产生更好的结果
▷ 享受:满足感是影响工作乐趣的潜在关键变量

你对"工作"的定义有何不同?

在赛场上,运动员们可以"进入化境",在工作中,我们也可以进入自我 2 专注状态(又称"心流状态")。但是,若想维持这一状态,就要先采取若干步骤。我在体育运动中发现,只要教练在那里"维持"非评判觉察和信任的氛围,球员就能保持自我 2 专注。尽管有些球员也能自发地创建出这样的氛围,但持续的时间都很短暂,总有干扰因素出现打破专注的魔法。而自我 1 会重获控制权,球员恢复默认状态,其发挥也退回到一般水平。

要想减少自我干扰,我们可以学习在专注被打断后,重新专注起来,再被打断,就再重拾专注,不断重复,这是不错的急救法。然而,有时候急救只治标却不治本,若想祛病必须动手术。无论我们眼下要进行的活动是什么,网球、高尔夫、音乐、人际关系还是工作,若想长时间保持专注,我们都需要更深入地了解当前活动的"意义"或"定义"。我们的定义会成为我们开展这些活动的情境,继而在很大程度上影响我们的思想、感受、态度和行为。这些定义通常源自活动背景的文化对话,我们通常是看不到

第五章 重新定义工作

它们的。但是，如果我们能看到它们，就能改变它们。情境稍作改变就会产生全新的可能，与此同时，也会消除一系列的干扰。

工作中，我们会随身携带自己对上司、客户、产品、员工、公司、所有权、目标和公平的定义。其中不乏客观现实，但也少不了我们的主观诠释。在许多方面，这些定义决定了我们眼中的"现实"，继而决定了我们如何回应这种感知现实。

你怎么定义"工作"？

大多数人都会依据工作所产生的外在结果来下定义。盖房子是工作。装卸货车是工作。卖车是工作。经营公司是工作。工作就是做事，往往只根据结果定义。说起"工作"，人们会想到什么呢？这些是我最常听到的回答：

- 比起我想做的事，工作是我必须做的事。
- 我为了赚钱而做的事。
- 完成"任务"。
- 上司让我干吗，我就干吗。
- 我干的"困难的"或是"有挑战的"事。
- 成就感。
- 义务、职责。
- 责任、问责。

我们对事物的定义就是我们的心智结构，它就像内置镜头，我们要透过它观看现实。有时，我们只能利用推论做出猜测。有时，我们却能通过直观洞察进行了解。

在这一章里，我们将检视我们带入工作中的"工作"定义。说起定义，我们的第一反应就是字典里的释义，却不知道我们对定义享有选择权，我们可以选择自己想要接受的定义，而这些定义还会带来不一样的结果。我们赋予"工作"的含义，会成为我们在工作中一切行为的情境和背景对话。在下面这个关于高尔夫球的例子中，情境的作用更为明显，让我们一起来看一看吧。

如果你问："高尔夫是一项高压运动吗？"球手们通常会怎么回答？我最常听到的回答就是："当然，压力很大。"我继续问这位球手，他要如何向只知道基本规则的门外汉——比如火星人——解释这种压力源自何处，比如火星人会这么说："我知道高尔夫是一项运动，你要把一个球打进18个不同的洞里，然后计算总共挥杆的次数。哪儿有什么压力？"

这位高尔夫球手会做出解释："把球打进洞里，说起来简单做起来难。"火星人会说："这个我懂。可高尔夫的规则不就是只要球没进洞，你就要继续打，而每打一杆，计分板上的杆数统计就会加1。"

"没错，"高尔夫球手会说，"但那可不是什么好事。你可能会因此输给你的竞争对手。"

火星人："你输掉的能比你当初投入在这上面还多？"

高尔夫球手："不，那倒不会。但重点是，你的差点①会上升。"

火星人："那又怎样？"

高尔夫球手："事关尊严与骄傲。如果你明明有能力做得更好，但成绩却很糟，你的自尊心就会受到打击。"

火星人："噢，我怎么没在高尔夫规则里看到过！"

高尔夫球手："嗯，规则里是没有写，但我们玩高尔夫的都懂。"

讨论进行到这一步，高尔夫球手感受到的恐惧与压力源自何处，答案已经不言而喻了。在对这项运动的定义中，自尊岌岌可危，恐惧与压力由此而生。然而，火星人未曾参与过产生这一定义的背景文化对话，他只看到了这项运动在物质层面的困难。如果他来打高尔夫，就不会感受到相同

---

① 差点（handicap）是一个高尔夫球手通过在一家球场或几家球场打球后被给出的一个评比数字。通俗地说，就是高尔夫球手打球的水平与标准杆之间的差距。——译注

的恐惧与压力。

同样地,如果高尔夫球手能够认识到,他对高尔夫的定义只是一种定义而已,那不过是他从高尔夫文化中承袭的既定概念,那么,他就可以改变自己的定义。他可以在打高尔夫球时玩一场不同的"游戏",这样一来,他就能避开潜藏在他过往定义中恐惧的种子。

那么,还有没有其他定义工作的方法呢?我在重新定义工作的过程中,一直在努力创建一个更符合自我 2 天性与才能的定义。

重新定义工作:一项练习

在对任何重要词条重新下定义时,我们都可以参照这样一个简单的流程。首先,问一问自己当前的定义从何而来。然后,对该定义进行评估,再做一点改动。在做这个练习时,我通常会新建一张分三列的图表(见 76—78 页):在第一列中,我会记下有关该词条当前定义的记忆;在第二列中,我会写出由这些记忆得来的定义;在第三列中,我将根据自己当前的目标和价值观,来评估该定义的有效性。我们要明白,工作并没有什么正确的"客观"定义。而我们主观形成的定义能够影响我们的工作体验。重新定义工作就是在有意识地选择我们体验工作的视角。

给工作换个定义有什么好处?

当我翻看自己的这张工作定义表时,我看到了在工作中我们的内在需求再次出现,那是对快乐的追求、对学习的渴望、对展现才能的向往。同时,我也看到了他人及社会对我提出的外在要求,这些要求容易令我感到有压力。在我的工作经历中,一直有两套相互竞争的日程安排:一套是我自己固有的日程安排,这套安排通常都得不到认可;另一套是他人给我的日程安排,这套安排从不会被忽视,它会被我身边不同的人明确地讲出来,或者通过社会无声地传达出来。在我成长的过程中,来自"他人"的声音似乎分外强势。有时这个声音会从我的最大利益出发,而有时它又会从自己的利益出发。我的抵抗似乎只是象征性的。随着童年的逝去,对我来说,让我能够"出人头地"的训练与灌输正式开始,保持自我的完整性变得越来越困难。

我并不确定,人在年少时能不能对这个世界说:"我在这儿,瞧,我已经是个人物了。别来打扰我!"我相信"他们"知道生活的意义,也知道要如何过活。但我知道我不知道。我得靠父母和社会告诉我。

于是,一个饱含这些声音的自我1在我心里出现。为了获得安全感,为了能被接纳,它向自己所依赖的那些人寻求准许与指示。无论我身边有没有旁人,自我1一直和我在一起。这位爱评头论足的观众,时刻准备着对我提出批评或是给予我许可。目标就是让我成为这位观众眼中值得尊敬的人。

与此同时,自我2被贬至幕后。尽管不起眼,也不受我重视,但它天性使然,会在自我发现与自我表达中寻找快乐。它抓紧一切机会去生活、去爱、去学习。直到三十多岁的时,我才再一次留意并尊重它。

新的工作定义的基石

当我的自我2存在感最强的时候,我表现得很轻松,很出色,自发地产生学习的兴趣,并不受结果的影响,自然地享受工作的乐趣。这些要素能同时存在且互为支撑,更重要的是它们与自我2协调一致。我决定学着听从自我2的日程安排,所以我用它们做基石构筑我对工作的新定义。

有关工作的记忆	对工作的理解	对当前定义的评估
童年的工作(5—13岁)		
·帮妈妈烤饼干、帮爸爸洗车	·工作就是和你爱的人一起做有趣的事情	·好的开始

续表

有关工作的记忆	对工作的理解	对当前定义的评估
·干家务：打扫庭院、整理床铺、一个人洗车	·工作就是在玩耍前必须要完成的事。定期。与零花钱挂钩	·工作变成一项要求，而外在奖励和结果成为激励因素，乐趣就减少了
·学校布置的日常作业。开展的竞赛、打出的分数	·工作要被衡量。成绩是用来衡量成就和能力的。工作变成了一项竞争性活动	·工作就是竞争这一概念的引入，为各种形式的自我干涉打开了大门。减弱了原始动机和乐趣
高中和大学时期的工作		
·在升入"名牌大学"的严峻压力下，完成学校的功课	·工作和时间安排、压力、难题有关	·感觉自主的个人日程安排，被成功升学的校方日程安排所取代
·暑期工：摘苹果。按筐计费	·体力工作累人，但压力较小。工作＝金钱＝独立	·付出与经济酬劳直接挂钩，创造了强大的动力
·在大学里，把时间分配给了为了成绩而做的事、为了学到东西而做的事。长期任务。准备去"谋生"的压力	·生存和成功取决于成绩。为成绩而奋斗和为了弄清道理而奋斗不同	·个人和学校日程安排之间存在矛盾，做事的乐趣大大被挤压
美国海军军官		
·担任导弹巡洋舰上的一线军官，领导一群懂得比我多的大兵	·对既定区域负责，工作要通过指挥与控制他人完成	·"指挥与控制"由恐惧推动、权力拉动。自我2的大部分潜能都会被个人和组织消耗掉
某中西部学院招生办主任		
·设计并打造理想的教育机构	·工作就是从无到有地创造。酬劳只是附带的	·有意义的工作是一种动力。可以让"事业"取代自我的需要
关键年份（1969年—1971年）		
·加州假日网球俱乐部职业球手。重塑网球教学	·工作就是在帮助他人的同时，在体验中学习	·在工作中学到的东西，可能比报酬更有价值，比游戏更有乐趣

续表

有关工作的记忆	对工作的理解	对当前定义的评估
·向自己的"内在"可能学习	·工作可以成为表达感恩的方式	·将工作当作一个人对爱的表达，是有回报的
《如何实现工作自由》		
·教练、写书、演讲、研讨会设计和交付、企业研讨会、开展业务	·工作可以帮助别人，还能收获欢乐、学习和经济回报	·选择接受这样一个工作机会——做出有意义的贡献，同时获得学习、满足感和经济回报
·义工	·参与志愿工作能获得欢乐，为此而工作	·工作的内在价值可以让人不计经济报酬

在我过去的定义中，我看到的只是工作的表现。说得再简单一点儿就是，我在工作和做事间画上了等号。在这种定义下，工作的目的就是把事情做好，而这个好全靠自我1的评判：成功、失败；能干、无能；比某人强、不如某人。

尽管我们并没有关注学习和享受，但它们依然是工作的固有要素。你的能力要么发展变强，要么停滞不前。最糟糕的情况不过是，你的能力在工作中"退化"，而你也变弱了。可是，不管你处于哪个阶段，学习都是工作的一部分。

享受也是如此。在工作中，你的感受应该处于痛不欲生和欣喜若狂之间的某一点。即便你麻木到了"什么都感觉不到"的地步，也还是会想要更好的感觉。追求享受是普遍的，不同的只是它在我们生活中的地位。我们总会盲目地认为，追求卓越就必须牺牲享受。然而各领域中的佼佼者却为我们提供了许多有力的反证。其实多数人都有过类似的体验，当我们享受自我时，我们的表现会更好。

工作铁三角 在我的研讨会上，我会画一个三角形，并在三个顶点处分别写上"表现""学习"和"享受"，然后提问："在工作中，这三个要素应归入一个三角形吗？它们是否相互依存？"

回答通常都是肯定的，它们相互依存。接下去我会问："如果这个三角形中学习增加了，会不会对表现和享受产生影响？"显然会。"同样地，如果享受严重缩水，会不会对学习和表现产生负面影响？"回答依然是肯定的。

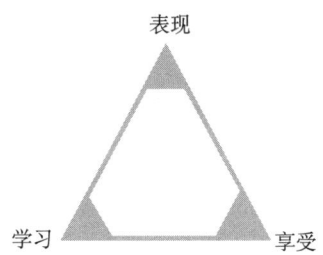

"在你们所处的工作文化中，最强调这三点中的哪一点？"我的这个问题惹来一片笑声，仿佛在说何必多此一问。"比起学习和享受，表现到底有多重要？"我将笔尖抵在三角形的中心，然后朝着代表表现的顶点缓缓上移。

"告诉我什么时候停下。"就在我快指到顶点时，会有零星几个人说："停，在这里停。"而其他人通常会齐声反对说："别停，继续！"直到我的笔尖完全超出三角形的边界，他们才让我停下。

很显然，大多数强调绩效表现的人，往往事与愿违，并不能真的有卓越表现。工作铁三角的三条边相互依存，它们是一个整体。若是长期忽视学习和享受，我们的表现就会受到负面影响。一旦出现这种状况，管理层就会感受到威胁，进而加大追求业绩的力度。这样一来，学习和享受会进一步减少。工作陷入恶性循环，员工的潜能难以发挥，表现愈发失常。

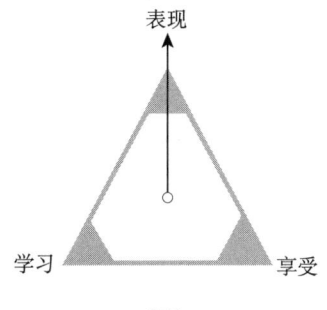

"边工作边学习"的时代已经到来　学习可不是工作中偶然获得的副产品,是时候为它正名了——学习是构筑工作的一大要素。我猜本书的每一位读者都听过太多类似的话:"我们生活在一个快速变化的世界……我们生长在信息时代……可用的信息量每几年就要翻一番……新的信息和技术,不等我们学完,就已经过时……这是属于知识工作者的时代。"

现代管理学之父彼得·德鲁克著有《后资本主义社会》等二十多本图书,他是现代管理学历史、现状和未来方面最具影响力的思想家之一。正是他,提出了"知识工作者"的概念。所谓知识工作者,就是那些推动世界经济发展时,动脑多于动手的工作者。德鲁克是这样说的:

> 知识与任何资源都不同。它快速更新迭代,今日的先进知识,到了明天就成了愚昧无知。而越是重要的知识,其变化发展也愈发快速、突然。例如,医疗保健业的知识重心就从药理学转向了遗传学,再如,计算机行业所需的知识就是从台式机转向互联网。尽管知识和知识工作者的生产力不是世界经济的唯一竞争因素。然而,它很可能是决定性因素。[1]

"知识工作者",顾名思义,工作与这个人的学习能力密不可分。对于知识工作者来说,如果只是"完成工作",而他的"专业技术"却没能在工作中得到提升,那他就是在浪费时间。在旧的工作定义中,你是在运用自己已经掌握的知识创造利润。而在新的定义中,工作就是在产生结果的过程中,你的能力不断提高,从而在未来产生更好的结果。

在知识时代,学习和工作表现一样,会为员工个人和企业的净利润做出贡献,也有助于社会经济的健康发展。近年来,在工业经济中,企业可以通过聘用具有某方面专业技能的人才获得成功。可这会越来越难。而只

---

[1] 引自彼得·德鲁克,《后资本主义社会》(*Post-Capitalist Society*,纽约:哈珀商业出版社,1994年)。

有那些已经有能力增强能力的公司才会成功。

地球上最伟大的研讨会 倘若学习对成功如此重要,那么它会在何时何地发生?现代工作留给培训的时间和经费都很有限。我想推荐一种研讨会,它不需要额外的经费投入,只需花费少量的时间。在我看来,它绝对是有史以来设计最好的研讨会。它并不是我的设计发明,我只是曾经学到过它,它是我最宝贵的知识、技能以及个人发展的源泉。它的互动性非常高,还运用了超赞的三维图解。最棒之处在于,它设计完美,而它教会我的东西,恰恰是我最需要学习的。

这个研讨会就是你的日常生活,你一出生就注册参与了这个研讨会。这个研讨会探讨的对象就是你工作中的每分每秒。不要想当然地看待研讨会的质量。若要设计一个如此规模且程度复杂的人为研讨会,那会是一项十分艰巨的工程,它要耗费的财力物力远超你的想象。你想想,得有人设计所有的道具和活动,而个人的选择所产生的后果也有无数种可能,更不用说你和其他参与者之间的宝贵互动了。我最喜欢这个研讨会的地方就是,它是"批量定制的"。即使在同一情况下,100个人会有100种不同的学习体验,它也完全符合每个人的个体需求。

那么,参加这个研讨会的花费是多少?你只需付出身为学员的谦逊和兴趣即可。在工作时,你必须表明自己是做事者,同时也是学习者。然后,你必须把注意力集中在老师身上,而你的老师就是经验本身。一旦你缴付了这些费用,网球就会教你如何打网球,客户就会教你如何销售,下属就会教你如何管理,追随者就会教你如何领导,每一项任务都是在教你如何令工作最优化。

这个体验研讨会的政策十分开放。你可以随意进出。当你以学员身份进入并集中注意力时,学习的过程就开始了。从你目前的理解出发,按照你自己的节奏推进。但是,如果你过分沉溺于工作的大喜大悲,就会忘记自己还是一名学员,那么你就退出了研讨会。不过,它会耐心等待你的回归,有意识还是无意识,集中注意力还是不集中注意力,全都由你自由选择。而且你可以报名参加的课程种类更是数不胜数。

参加这个研讨会的原因有很多。和生存的欲望、享受的欲望一样，学习的欲望也是人类的基本欲望。我们的工作方式改变了我们。我们既要提高素质，也要培养技能。我们的智力、情感能力、创造能力和直觉能力，都可以通过工作经历提高。而我们的决心、勇气、承诺、同理心、想象力和一系列的沟通技巧，也都能在工作中建立起来。如果我们只关注绩效表现，可能就看不到学习的发生，但回想起来，我们就知道学习真的发生了。

分清学习目标与绩效目标　在工作中，大多数人都习惯了设定并努力实现绩效目标。一旦你参加了日常工作的体验研讨会，区分绩效目标和学习目标就变得非常重要了。如果你询问人们的学习目标是什么，大多数员工都会一脸茫然地看着你，或者编个目标出来做掩饰。比如"我想学着赚更多的钱"和"我想学习打高尔夫，并突破 80 杆"，都只是打着"学习"旗号的绩效目标。

学习目标与绩效目标究竟有何不同？绩效是一种行为表现，这种表现给外部世界带来了可观的变化。相比之下，学习则是一种变化，尽管这种变化通常都是在与外部世界的互动中产生的，但它却是发生在学习者内部的变化。因此，基于新信息，或基于对旧信息的新解读，产生的理解改变都属于学习。同样地，有了专业技术的加持，无论是沟通者、问题解决者、飞机驾驶员，还是领导者，其能力都会有所提升，而提升是发生在个人内部的，因此这种变化就是学习中的成就。来看看下面这两份列表：

绩效目标：

1. 在明年年底前，加薪 10%。

2. 建起一支更高效的团队。

3. 提高股东价值。

4. 换一份更好的工作。

5. 完成上司要的报告。

6. 制订个人发展计划。

学习目标：

1. 把我的阅读速度提高一倍。

2. 加深自己对市场动态的理解。

3. 克服被拒绝的恐惧。

4. 消除压力。

5. 提高我的聆听技巧。

6. 培养同理心。

绩效目标并不一定要求有能力的提升，但每个绩效目标都会描述一项外部成就。相对而言，学习目标则意味着能力的变化。尽管在新能力应用于该领域之前，它们的成就本身可能并没有什么价值，但每个学习目标都是潜力股，它们能为无数未来绩效目标的实现做出贡献。在以绩效表现为导向的文化中，人们严重低估了培养某种能力与完成某项任务的效果差异。建造一座桥梁是一项了不起的成就，但是获得了建造桥梁的能力，我们却可以建起更多座桥梁。

正是因为学习发生在个体内部，所以在其结果有外部世界的体现之前，你很难观察到它。不能用衡量绩效的方式来衡量学习。同样地，为达成绩效目标所采用的策略与战术，可能并不适用于学习。这也是许多个人和组织学习计划失败的主要原因之一。

记住，学习就是对未知的探索。而你只能根据自己已知的相关信息来设定学习目标。但是你想要学习的很多东西都是你未知的未知。那么，你该如何设定学习目标呢？你要尽量弄清楚自己想学什么，以及你为什么要学。然后，你要做好准备，跟随你的兴趣，迎接意想不到的事。

接下来要问问自己：这样的学习会在哪里发生？在我的工作中，哪些方面最适合教我想学的东西？或许是你与客户或同事的谈话，或许是你制订计划的过程，又或许是某个特定的任务或项目？你要采用哪种学习方法？你会用哪些问题或关键变量来关注你的工作经历呢？

举例：身为学习者的销售员　让我们以一位销售员为例，他被外派推销产品刚满两周，现在他要参加销售经理和同事们的销售例会。你认为通常来说，销售经理会问哪些问题？他们通常十分关注绩效表现：拜访了多少客户，做成了几笔订单，利润目标完成了多少，对业绩好的员工给予肯定，对业绩较差的员工作出批评。他们或许会重新审视策略、战术和计划，他们或许还会给员工灌点"鸡汤"，激励员工全力以赴投入下一期的销售工作。

那么，如果经理问销售员对客户的需求或观点有什么了解，竞争对手在做什么，或者处理异议的新方法，又该怎么办？在收集和分享销售员的学习体验时，有无数的问题可以问。假如只有一位销售员在销售过程中处于学习模式，那么这些问题的回答可就耐人寻味了——事实上，在和那些没有购买的客户的对话中，我们也许能找出这些问题的答案。这些答案可能会对个人及销售团队的学习有益，进而大幅提升公司的未来收益。

专注于学习，除了对销售本身有益，还传递出这样一则信息：要看到自己眼前的"宝藏"。一位优秀的销售员能够销售和学习两不误。然而，讽刺的是，如果对绩效的关注盖过了学习，那么绩效表现反而会受到影响。

身为学习者的销售员不能只想着达成销售目标，还要知道自己在客户需求方面能再学些什么：如何发现客户需求，如何探出那些尚未言明的异议，如何处理客户的担忧、恐惧和抗拒，以及如何从客户的角度看待情况，这些都是销售中不可或缺的部分。这样的销售员在履行销售职责的同时，还在学习销售的技艺。有时候，他可能成功地卖出了产品，却什么都没学到。而到了下一个客户那里，他可能没做成买卖，但却学到了很多对他和公司都有益的东西。一旦认清这个道理，他就彻底改变了自己的销售游戏。

假设安妮意识到，她对那些用没钱当说辞不买她产品的客户束手无策。在绩效表现方面，每当客户表达出这层意思，她要么就心怀戒备，主动放弃，要么就咄咄逼人，导致客户放弃。当她开始在自己的工作体验中学习，

第五章　重新定义工作

为了找到更有新意的回应,她设定了一个学习目标。具体来说就是,她决定找出一些巧妙的问题,好向客户展示购买或不购买的实际后果。仅仅通过设定这个学习目标,她就改变了自己对下一个客户的反应方式。她不再害怕客户提起费用问题,并将其视为实现学习目标的唯一途径。因此,她既没有表现得谨小慎微,也没有表现得强势冒进。在她的大脑中有一块空间用来生成问题,这些问题都对客户有益,还能引出解决客户财务问题的创新方案。

安妮发现了一种摆脱困境的方法,她还采取了切实的措施来消除自己怕被拒绝的恐惧。结果,她从那些曾经让她害怕的客户环境中受益匪浅。她所学到的东西对她个人和职业都有好处。她现在可以和同事分享一些有价值的经验了。承认学习的好处会激发更多的灵感。通过这种方式,学习可以传染,并通过团队或组织中的人员有机地传播。

当然,最优秀的销售人员无须他人告知,也能意识到这一点。但大多数情况下,没人会要求他们和团队其他成员分享他们的学习成果。"给我们数字就行了,非常感谢。"学习对话在团队中并不会发生,这是因为它不符合既定的工作定义,即使发生也会被认为是"奇怪的"。因此,销售员个人恐怕无法认识到学习对话对自己、团队、客户和公司的重要性。

另一方面,我曾跟这样一些公司有过合作,它们的销售人员在定义工作时,把重视学习、享受和注重绩效表现结合在一起,并在这三个方面都取得了惊人的成功。这些公司鼓励销售员设定具体的学习目标和绩效目标,并要求他们与整个团队分享学到的东西。好的问题和好的回答一样重要。他们不仅把客户当成潜在的买家,更把客户当成"老师"。他们学到了很多关于与客户建立持久关系的知识,这些知识不是从"技巧"中学到的,而是从与客户的每一次互动中学习到的。

设定学习目标:QUEST　在思考可行的学习目标时,我认为有一个词特别有用。这个词来自学习者最基本的活动——发问(to question),而这个词就是追求(quest)。发问只能反映出随意的好奇心,而追求则是一个人认真的求索。它包含强烈的责任感。人的一生可能会有上百万个问题，但追求却只有那么几个。

除了追求一词的本意，QUEST 也是五类学习目标的首字母缩写，而每类目标都会以不同的方式扩展学习者的能力。

品质（**Q**ualities）
理解（**U**nderstanding）
专业知识（**E**xpertise）
战略思维（**S**trategic Thinking）
时间（**T**ime）

品质（Qualities） 在我们询问团队的管理者，他们最希望团队成员将哪些品质带入既定的项目时，他们可能会列出一份清单：有责任心、为人正直、积极主动、有创造性、任务导向、坚持不懈、思路清晰、有合作精神等。每个人都具备这些品质，不仅如此，我们还有很多内在潜能。但我们已经学会了将某些品质展现出来，而将其他品质隐藏起来。你更希望看到自己的哪些品质？团队的其他成员又希望看到哪些品质，不想看到哪些？学习获取并展现某一选定的品质或特征是一类学习目标，任何人都可以为自己设定这类目标。

理解（Understanding） 理解不是光有信息就够了，你还要充分弄懂某一特定主题或体系的所有组成部分以及各组成部分之间的关系。关于一份工作，你可能了解了很多的信息，但却没能真正理解它。我或许可以说出某公司或某个特定项目的使命，但我是否充分理解了该使命，使之真正起效呢？若想确立一个有意义的学习任务，你可以这样问自己：就目前的这些绩效目标而言，我要加强对什么的理解，才会更容易成功或更有可能成功？这类目标可以用"增进我对……的理解"来表述（例如，我的同事、上司、客户、竞争对手、市场动态、体系和流程、财务、障碍……）。

第五章 重新定义工作

专业知识（Expertise） 我也会称之为专业技术、技能。它可以是技术性的，也可以是非技术性的。问问自己：我要磨炼或培养哪些技能，才能使我取得更卓越的绩效表现？我正在学习的哪些技能可以应用到我目前或未来的工作中？哪些技能可以在工作过程中学到，哪些需要从书本或课堂上学习？哪些技能是我已经提高了的，不再需要投入时间和精力？你可以选择培养一定的计算机使用技能、谈判技能、沟通技能、会计技能、技术技能、管理或领导技能，或者掌握特定知识体系。加强版的专业技能一旦培育出来，就可以应用于未来的各种任务中。

战略思维（Strategic Thinking） 战略思维既可以看作一种品质，也可以看作一项技能，还可以看作一种理解。然而，它更是一种截然不同的思维方式，那是一种能够登高远望的能力，那是一种深谋远虑的能力。它是工作能力的关键部分，不仅是少数领导者需要它，企业中的每个员工都需要它。问问自己：我的战略思维如何？我有没有战略眼光，还是只有战术眼光？我的工作优先事项有多明确？我目前的活动是否符合我的长期目标？我的思考是否足够独立？我能不能平衡工作和生活的关系，实现二者和谐并进？我对工作的定义是我自己的吗？我看到自己的工作和周围其他工作的关系了吗？我知道自己的工作与团队或公司的整体任务有什么关系吗？我对自己的一生有策略性的思考吗？设定这类学习目标不仅意味着在你的工作或生活的某个领域设定战略目标，还意味着要培养战略思维的习惯和能力，以便随时随地运用它。

时间（Time） 所有工作都要按时完成，所有工作都与时间有关系。学习这种关系是工作成功的关键。最好的策略和最好的专家都失败了，因为他们无法接受这个事实。你的工作按时完成了吗？你对完成待办事项清单上的任务所需的时间有多了解？你是否总感到时间上的压力？你的进度是否总是落后？你会拖延工作吗？如果是的话，你可以考虑围绕时间、任务和优先事项之间的关系，为自己设定一个学习目标。（参见第 64 页的"时间觉察练习"。）

在体验中学习　内在游戏的学习方法基于这样一个事实：最有价值的学习和成长将发生在你与工作体验的互动中。在工作中不追求学习，最常见的借口就是："我实在没时间。"但是在体验中学习的好处就是，学习与工作同时开展，你只需要抽出一点额外的时间。这一点时间要用在我所说的"学前简报"上，以便在体验给定工作之前设定学习目标。然后，在工作体验结束后，还需要一点时间进行反思，我称之为"回顾简报"。这两组对话可以独自进行，也可以由教练主导，只要几分钟就好。

在学前简报中，你可以清楚地知道自己想学什么，以及要把注意力集中在什么地方。学前简报最重要的目的就是提醒你，在开展给定工作的同时，当一个学习者。回顾简报可以用来反思自己在工作中所观察到的情况，使见解、新问题和可能的下一步行动得以浮现。这些会自然而然地成为你下段工作体验学前简报的一部分。

体验三明治

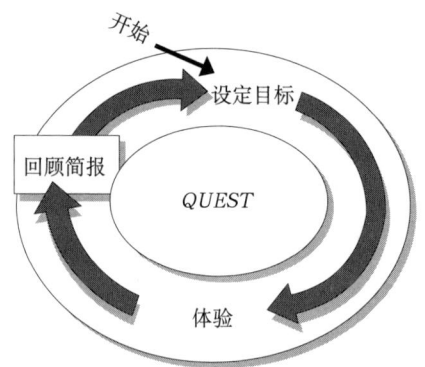

学前简报和回顾简报之间的工作体验，可以是短期任务，也可以是长期项目。重要的是，你要在工作的同时参与学习过程，并朝着可以在未来工作中使用的学习目标前进，并在适当的时机与同事们分享。无论你在本书中找到了什么珍宝，只要按照这个流程，在体验中学习就会非常实用。因为我们的时间紧迫，所以参与这个过程就需要一点规矩。但是，通过这一过程已经养成习惯的员工们反馈,学前简报和回顾简报所花费的时间,比起通过学习节省下来的时间,不过是九牛一毛。

以下是《如何实现工作自由》研讨会上使用的学前简报和回顾简报的样表。

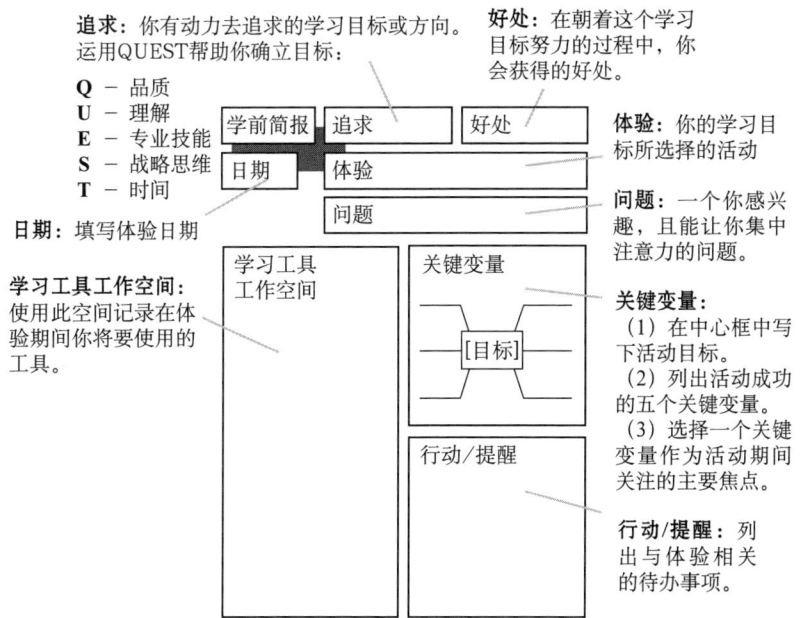

享受是工作铁三角的一角　工作者的工作体验质量可能是最不受重视的工作结果。人们普遍认为,但凡是工作,就不应该令人愉快。没有付出,就没有收获。有时候,人们会认为如果你没有感到"压力过大"或"负担过重",那一定是你工作不够努力,或者你没有尽职尽责。有这么一句谚语:"找一份你真正喜爱的工作吧,这样你就再也不用工作了。"你可以这样去理解:如果你享受自己所做的事,那么它一定不是工作。

这种态度的背后是历史悠久的清教传统,而它的背后又是历史悠久的劳工受恐惧所驱使的封建传统。俗世里的成功和未来的救赎密切相关的这种思想,正是清教主义伦理的基础。他们认为成功是一种恩典的象征,只有成功的人才是少数能够得到救赎的"选民"。若想成功,他们就必须坚持

如何实现工作自由

良好的清教徒价值观,也就是努力工作、节俭和自律。他们看重的就是工作的艰辛,工作过程中自然不会有任何的快乐。在封建传统中,劳工可以归地主所有。劳工为地主工作,换来谋生的手段。这两种传统都为工业时代的工作提供了背景定义。但随着后工业时代的到来,工人们的信仰和价值观都发生了变化,这种观念也遭到了质疑。

在大多数发达国家,人们相信人应该享受工作——要么就是找一份自己喜欢的工作,要么就是想办法喜欢上自己现有的工作。与此同时,"把工人看成雇主拥有的生产工具"的观念渐渐消失。而工人一生只能为一个雇主卖命的想法也随之消散。决策的主要手段正在从指挥控制向制度体系过渡,受决策影响的每个人都能更大程度地参与决策。工人们逐步意识到,公司的成败靠的正是他们的能力和知识。在发达国家,工作不仅是人们谋生的手段,它还能满足大多数人的其他需求和欲望。

日期:填写回顾简报日期

1 观察:列出你在体验过程中注意到的东西。请记住,这里并没有"正确"或"错误"的回答。你的观察列表可以指导你对学习体验的反思与洞察。

3 下一个问题/变量:以你的反思为基础,填写下一次学习体验要选择什么问题、还应考虑哪些变量。

追求:按照学前简报填写"学习目标"

回顾简报	追求
日期	体验
	问题

1 观察:什么最突出?	2 反思与洞察
3 下一个问题/变量	4 行动

体验:按照学前简报填写

问题:按照学前简报填写

2 反思与洞察:此处填写你对本次观察的看法。模式、洞察,哪些地方可以采取不同的做法?

4 行动:列出你的待办事项,并标出优先事项,为下一次学习体验的学前简报做准备。

工人的个体自由度越来越高,但这并不意味着每个人都有真正的自由。我观察过成千上万人,在星期一的早上,他们是怎样走进各自的办公室的?我不会昧着良心说他们脸上都挂着笑容。许多人看起来仍像是被拴着绳子拖去工作的。但是，也有一些人的步伐似乎很坚定，像是在说："我有很重要的事情要做，我已经在路上。"他们瞧上去有点冷酷，但却斗志昂扬。还有很少一部分人，一点也看不出他们要去"工作"，他们快乐地生活，愉快地做事。我很欣赏这种满足感，无论是从别人身上看到这种满足感，还是我亲身感受到这种满足感时。鉴于没有更好的术语，我直接把这种体验称为"享受的状态"了。我希望自己尽可能多地在这种状态下工作。

享受工作的目标　这样一个目标要怎样才能实现？享受似乎更像是天赋馈赠，而不是必然的结果。除此之外，我观察到包括我自己在内的很多人，都会以种种方式妨碍自己享受工作。若想实现享受工作的目标，一种方法是尽可能地清除这些阻碍。另一种方法是认识到人的本性更偏向享乐而非痛苦。小孩子，不用你教，就懂得如何享受，这是天性。而我们已经学会了如何才能不去享受，所以我们必须摒弃这种想法。这是个有趣的挑战。

让我们从这里开始：要认识到，工作时我们一定会有感受，而这一点由不得我们做主。不管我们多么努力去忽视自己工作时的感受，它都是工作密不可分的一部分。工作中的我们处于痛苦和狂喜之间的某个点上。重点问题在于：我们的感受正朝哪个方向发展，这对我们真的重要吗？

请完成下面这张自我评估表。你要给自己的工作生活打分，最高分是10分，代表你工作时十分享受，最低分是1分，表示享受最少。（注：如果你无法把工作和"享受"联系起来，那就换一个能代表你工作感受的词。）

工作状态	你在这种状态下的工作时长占比
享受状态（8—10）	
中间状态（4—7）	
痛苦状态（1—3）	

接下来，你要问自己两个问题：（1）"什么有助于我在工作中享受快乐？"（2）"是什么让我在工作时感到痛苦？"下面是工作的内在游戏研讨

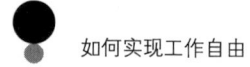

会的参会者们的一些回答。

享受的助力：

"当我全心投入工作时。"

"当我为了取悦某人而做事时。"

"当我和同事相处融洽时。"

"当整个团队为了共同的目标一起奋斗时。"

"当我知道自己所做的事是有价值的贡献时。"

"当我是出于选择而不是迫于压力时。"

"当我喜欢自己正在做的事情时。"

痛苦的推手：

"当我与同事发生冲突时。"

"当分配给我的工作量超出我的能力时。"

"当我的时间不够高质量地完成工作时。"

"当我被莫名其妙地要求做出改变时。"

"当工作刻板枯燥，没什么可学的时。"

"当我感觉自己做的每件事都要受到自己和／或他人的评估时。"

"当我感到自己不受自己和／或他人尊重时。"

"当我失去对方向的控制，只是在处理烂摊子时。"

"当我许诺出去的时间比我拥有的时间还多时。"

"当我太执着于结果时。"

"当我不被信任时。"

当我看到这些回答时，我发现了一个影响工作乐趣的潜在关键变量——工作者与自己的关系。我越是重视自己、重视自己的时间和生命，我就越不会让自己在压力或痛苦的状态下工作。无论我身在何处，享受每一刻都

第五章 重新定义工作

是我重要的优先事项。我要抛开那些告诉我这是自私的信条。一次次的经验告诉我，只有当我享受自我时，才能把工作做到最好，才能对他人做出最大的贡献。

提高工作中享受质量的第一步很简单，你只要更好地觉察它的本来面目。我曾要求一群以追求成绩而闻名的高尔夫球手们在打球时记录他们的享受程度。每次球进洞，他们都会记录击球杆数，并用 1 到 5 分来标记他们的享受程度。起初，击球的杆数和享受的程度之间是严格的负相关。球打得越好，他们越享受这一过程。然而，随着他们加深对享受的觉察，他们意识到享受是一件值得拥有的事，无论自己的球打得是好是坏，他们都可以享受其中的乐趣。尽管并没做什么实质努力，但球手们发现他们打出差球后陷入痛苦状态的时间缩短了，而在击球间隙乘车或步行的乐趣也增加了。

工作中也是如此。很多时候，我们都妄图无视工作中的感受。我们之所以会想忽视它，是因为我们看不到它的贡献，也不觉得它有多重要。你可以使用 84 页上的表格，作为一种日常的享受觉察练习。关键变量就是要意识到你在工作的各个环节的真实感受。然后，你可以随时反省是什么令你快乐，什么令你痛苦。不要急于尝试"修理"情境，给觉察力一个机会。也许，你会惊讶地发现觉察本身在很大程度上就能治愈你。

一个享受为先的销售团队　我认识一位销售经理，他非常相信平衡工作铁三角的价值，所以他采取了我认为相当极端的措施。在之前的六个月里，他的团队是公司所有团队中成绩最差的。他已经使出了浑身解数努力提高业绩，还把提高收入挂在嘴边。他觉得事已至此，重新调整铁三角的平衡关系，也不会有多大损失。于是，他宣布在接下来的一个季度，他将暂停所有的销售配额！他告知销售团队，他们要继续销售，但不用再为销量是否达标负责。他希望他们做的是，学会如何快乐地销售。他让销售员们给他们目前的享受程度打分，最低 1 分，最高 10 分，还让他们设定提高"享受程度"的目标。

在之后的销售会议上，他们讨论了作为销售人员，他们都做了哪些事情来提升工作乐趣。大多数人更清楚地认识到，是什么妨碍了他们的享受。对一些人来说，那是对失败的恐惧。对其他人来说，那是机械地遵从程序。而另一些人发现，他们工作到了筋疲力尽的地步。会上甚至都没讨论业绩结果，只是提交了简短的报告。

然而，令销售团队及经理大吃一惊的是，到该季度结束时，团队的销售业绩在公司里遥遥领先！当他们回顾这个有史以来业绩最好的季度的经历时，他们对自己的发现感到惊讶。总的来说，他们的团队花在客户身上的时间减少了25%，但客户总数却保持不变。他们策划演讲的时间减少了30%，文书工作用时减少了30%。真正令他们得益的是优质的客我关系。他们和客户的相处更加放松，客户也是。客户似乎对他们的问题和需求更加开放，对团队成员的建议也更加积极。每个销售员都知道自己完成了更高的销售额，但他们都以为那只是自己侥幸，直到他们看到本季度的团队总收入提高了40%。

本例中的任何特定要素都不能拿来生搬硬套。但是，享受的质量与学习的质量有关，而学习的质量又与绩效表现的程度相联系，这一普遍观点值得深思。

增加工作中的乐趣并非易事。很多事情都会令人沮丧，而且很多事情也不是我们能控制的。问题源源不断。即使是我们依赖的人也会让我们难过。最糟糕的是，我们也会令自己和别人难过。金钱可能会损失。市场可能会暴跌。我们可能会被解雇。我们可能会犯错。我们的上司可能都是怪咖。我们的领导者可能不够称职。官僚主义可能会妨碍我们的工作效率。妨碍我们享受工作的事情不胜枚举，而且这些事在很大程度上都是不可避免的。

但是，还是有一些人在享受工作。关键是他们一边工作一边享受自我。他们把自己和工作结果区分开来。这带来了一种超然的享受，让人可以不受环境的影响而享受生活。我们需要有意识地努力，才能保持这种区别，但这绝对值得。否则，享受就只能听其自然了。

找到工作铁三角中的平衡点

表现、学习和享受之间的关系并不是一成不变的。就像骑自行车，你不仅要脚踩踏板，你还得把控方向，还得保持平衡。谁也无法告诉你具体要怎么骑。此外，你也无法确定骑车的各变量间的正确比例，就像工作的三个要素没有"正确"的比例一样。关键是保持动态平衡的关系，让你自己和工作环境来决定什么是重点。

自我2会根据情况自然地转移、平衡优先事项。如果你要去度假，享受会是第一位的；但学习也不能忘，最好能学到一些东西；你还要足够重视自己的表现，收拾好行李、制订好旅行计划。可如果你正在看书、上课或停下来反思，学习自然要占主导地位；但你多少也会抱有享受这一过程的希望，并适当地实现绩效目标。

在工作中，优先事项会随情境而变化。无论在什么样的工作环境中，都有需要强调绩效的关键时刻。到那时，也许其他因素都不那么重要了。但等度过危急关头，就要扼住绩效表现的势头，以便反思和学习。重要的是，你要找到并保持一种对你有效的平衡。

如何计算工作的投入与回报？ 站在自我2的角度看工作，对工作体验会产生不同的看法。如果只用绩效表现来衡量你的工作价值，很容易就会觉得自己吃亏了。辛辛苦苦挣来的钱，扣除税费和花销后，可能根本不值得你投入那么多时间与精力。你很容易会产生被剥削或被压榨的感觉。但是在你决定换份工作前，请确保你已经评估了你工作时间的总投资回报率。

从自我2的角度来看，工作铁三角也显示出了工作报酬的三种形式。除了绩效表现的回报外，还有学习的收益和享受的奖励。我付出的努力和时间是有限且宝贵的资源。我与生俱来的内在潜能也在不断强化提高。如果我的能力增长了，我明天的付出就会更多，我也应因此获得更多的报酬。老板付我工资，买的是我的生产力，但如果我边工作边学习，我就是在增加自己的经济潜力。给我报酬的，不仅是我的老板，还有自我2，以及我所获得的享受程度。

每天，我都付出一部分自我，然后收获这三种形式的回报。我要确定付出和回报是否持平。有没有可能付出的比得到的多？对一名工作者来说，工作的回报少于付出，那是再常见不过的事。不过，你要注意了，不是你的自我1在剥削你。你随时都可以辞掉一份你不喜欢的工作，再去找别的工作。但是，这不一定能令你摆脱过度控制的上司——你的自我1。若想摆脱它的控制，我知道的唯一方法就是，让自我2更多地参与进来，同时放弃一些自我1对获得认可和自我满足的需求。

另一方面，有些回报要靠自我2贡献力量。以特蕾莎修女为例，她付出了大量的努力，却没换来多少物质报酬。曾有一位游客对她说："给我全世界的财富，我也不会这么干。"据说，特蕾莎修女点头说："我也不会。"

我们不用当什么圣人，也能把付出与回报的平衡从自我1转移到自我2。我们只需要对自己做出承诺。我想要学习，我想要享受，我想要富有成效。我想要记住自己为什么工作，还有我到底在为谁工作。当一些人对自己的学习和享受许下承诺时，他们在工作中就会展现出一些品质，而这会刺激到其他人。而那些接受挑战的人，也会在工作中有所收获，而且这收获绝不止绩效结果。

第六章
由从众到流动

摆脱从众心理,培养流动能力,从而自由选择工作中的每一步。流动能力的五大要素:

▷ 承认自己的流动能力
▷ 清晰勾勒心中目的地的画面
▷ 在改变中做出改变
▷ 确保目标清晰
▷ 保持动作和方向协调一致

　　追求自由工作并不是说不负责任,也不是要罔顾上司、公司或客户的要求。这是关于工作方式的选择,选一种对自己真正负责的方式——一种与你本人的选择、价值观和关注点一致的方式。对工作的重新定义,仅仅是一种思维模式的转变,它并不能令这种可能性成为现实。

　　自我1的条件作用模式,掩盖了自我2的愿望,这一模式很强大,它已渗透到大多数工作环境中。经年累月形成的规范和定义,限制了我们自己所能看到的可能性。外在规范和模式让我们墨守成规地做事和思考,屈从于这些外部压力会分散我们对内在准则的注意力,进而使我们无法独立思考。我们在群体中生活和工作,很难不像大家一样思考。

　　一个人体内跳动的"火种"和他所生活的社会强加给他的"形式"之间存在一种古老的对立关系。当一个人把外在形式看得比内在火种更重要时,就是我所说的从众。若是个人或文化允许从众行为熄灭我们固有的火种,那么我们在工作中就越来越难获得满足感。

　　从众也是有吸引力的,它有它的好处。它能提供安全感,那是一种建立在外貌、行为和思维与他人趋同之上的安全感。它使人们更便捷地融入

第六章 由从众到流动

社会。从表象上看，从众行为不会造成伤害。但是，当一个人做人生决定时，舍弃自己内心的呼唤，反而听从外在的声音，他可能就会失去最有价值的东西。

许多清楚从众代价的人会与之进行抗争，为的就是保护他们作为个体的完整性。但是，与之抗争并不能带来令人满意的自由。因此，我们必须学会聆听最真实的内在自我的劝说。我已经学会了欣然接受自我2的鞭策，因为它能助我冲破"借来的"僵化思维。正是这样的鞭策让我明白，即使我还没有获得完全的自由，我仍是鲜活的、能抗争的。当我认识到并尊重这种鞭策时，它就会变得愈发强烈。它预示着，总有一天我将自由翱翔。

以个人的内在需求去抗争来自社会的巨大压力似是以卵击石，怎么看都不是一场势均力敌的较量。一方面，我们内心有个微弱的念头在呼唤，要我们听从它的劝告。另一方面，我们被无处不在的从众范例包围，它们在暗示我们要调整自己以适应它们。成百上千的书刊在向我们展示应该如何穿衣打扮。在电视和电影里，我们也会看到不计其数的思维和行为范例。我们在建立与遵循规范时，并不考虑它们是否符合我们的最大利益。那些不能或不愿意遵循公共规范的人，会被迫相信自己是错误的。他们被视为失败者，需要矫正。而那些遵循准则并取得成功的人，会成为我们的英雄和榜样。外在压力如此强势，而内在的声音却这样微弱。外力看起来是那么巨大，而内在看起来却那么渺小。

不过，内在有一个很大的优点——它始终都在。无论你走到哪里，只要你学会聆听，自我2就会跟你讲话。另一个优点是自我2偏爱愉悦。我们喜欢美好的感受，我们倾向于和睦相处。正因为有这样的内在偏好，我们才会欣赏日落之美，才会享受美味珍馐，才会去爱和尊重他人，才会崇尚自由和完整，才会想要弄懂什么对我们是重要的。在火种与形式的角逐中，固有的DNA优势不容小觑。但这仍将是一场硬仗，我们需要相当大的勇气和智慧才能获胜。

将工作重新定义为顺从自我2本能欲望的表现、学习和享受，是迈向自由工作的一大步。而下一步就要尝试理解为什么从众对我们如此有吸引力，以及从众是如何影响我们自由工作的能力的。在讨论这一概念时，我发现"流动能力"一词最有助于我们理解。流动能力是指没有特定的目的地，却能够不受自我约束，朝任何期望的方向前进的能力。人类对自己内心最深处的欲望会自然而然地做出反应，而流动指的就是由此产生的动作。让我们将这种可能性牢记心间，现在先来简单了解一下另一种选择——出于外在压力、奖励和惩罚，人们的观念和行动会随大流。

打破从众的初次尝试

在上大学以前，我眼里似乎只有从众这一种选择。各种关于成功的准则和定义无处不在，但我却看不到它们。直到我来到哈佛的第二年，我选修了一门课程，是它将我唤醒，并帮我意识到我并非如自己所想，我不过是条件作用的产物罢了。我的这一转变皆由斯金纳教授的"自然科学114：人类行为科学"的一堂课而起，多年后，斯金纳教授被人们称为新行为主义之父。

我之所以会选修这门课，完全是出于兴趣，我想更好地了解自己，以及人类是如何"工作"的。上第一堂课时，斯金纳教授先花了一点时间扫视了一圈在座的听众，然后说道："我有点担心，在座的拉德克利夫[①]学生可不多啊。"他稍作停顿，而我很好奇他到底想表达什么意思。"这门课会令你们这些哈佛学子赢得一个胜过她们的不公平优势。"据斯金纳教授所说，这一"不公平优势"不只是学业上的优势，更是能让我们在这场由来已久的"性别之争"中胜出的"优势"。毋庸置疑，他的讲述勾起了我的兴致，他说这门课将教会我们如何理解和控制人类行为。斯金纳教授之所以会这样说，似乎不仅仅是为了激发学生们学习的主动性，更是为了表达他

---

① 哈佛大学拉德克利夫学院只招收女生。——译注

第六章 由从众到流动

是如此坚信自己的理论方法，以及他对给予这些男生不当优势的深切关注。

这门课的必读书目只有两本，都是斯金纳教授本人所著——《人类行为科学》和《沃尔登第二》（又译《桃源二村》）。前一本书的理论是，我们可以通过正向强化期望行为来控制人类的行为。在哈佛大学情况便览中，该课程的描述是"强调行为预测和行为控制的实际操作，以及行为科学对人类事务的启示"。第二本是一部小说，该书描绘了一个根据斯金纳的"人类工程学"原理建立起来的"乌托邦社会"。斯金纳的理论相当简单。所有动物的行为，包括人类的行为，都是对环境中各种正向和负向刺激作出反应的结果。正向强化所产生的行为呈现重复趋势，而负向强化的行为则趋于消退。我们无法通过科学手段得知实验对象大脑"内部"发生了什么，因为我们无法观察它，不过我们也无须去观察。我们需要做的就是控制强化物，从而控制结果行为。

在实验室，斯金纳教授用他著名的"斯金纳箱"为我们演示了他的理论方法。斯金纳箱其实就是一个笼子，它外面裹着纱布，里面放着一只鸽子。他问我们："你们想让这只鸽子做点什么？"有个学生喊道："让它用左脚蹦着逆时针转圈。"我觉得这个提议着实有些过分，怎么可能做得到，但斯金纳教授却没有畏缩。他开始努力去控制鸽子的行为，后来他告诉我们，用同样的方法就能控制更复杂的人类行为。

斯金纳箱配有一个食物槽，只要教授按下遥控器上的一个按钮，就会为鸽子投喂食物。教授的遥控器还能控制笼子内的光线和铃声。据我观察，那只鸽子十分饥饿，它在笼子里昂首阔步，这是鸽子的正常行为方式。教授聚精会神地看着它。当他注意到鸽子做出明显的左移动作时，他就会按下遥控器上的按钮，笼内灯光就会亮起，铃声会响起，食槽也会打开。鸽子会在食槽关闭前啄食到一点食物。然后，鸽子会继续它的一般行为，直到教授注意到目标行为的另一要素。整个过程不断重复：光线、铃声、食物，渐渐地，鸽子逆时针走动的行为越来越频繁。

大约半小时后，这只鸽子无疑喜欢上了它的左脚，向左转的次数也多过向右转的次数。我在心中默默计算，按照这样的学习速度，到这堂实验课下课时，这只鸽子是不可能完成用左脚蹦着逆时针转圈的任务的。与此同时，我突然意识到，斯金纳教授和鸽子之间正在进行一场公平的交换。我想知道"到底是教授在训练鸽子单脚跳，还是鸽子在训练教授投喂它呢？"很快，斯金纳教授将方法做了一点改变，然而这一点点的改变却收效甚佳，大大加快了实验的进程。

他按下按钮，光线亮起，铃声也响起，但不再有食物！现在教授不用等鸽子去食槽吃东西了。他解释说："在初始阶段，光线和铃声是对鸽子的'中性'刺激。它们既不是行为的正向强化物，也不是负向强化物。它们既不是奖赏，也不是惩罚。但是当它们和食物联系在一起之后，光线和铃声本身就带上了正能量，它们可以作为行为的正向强化物来使用。"鸽子的努力没有换来切实的养料，这让我们这群观察者们清楚地认识到谁才是真正的控制者。

对我来说，斯金纳教授的这个演示所传达出来的讯息令我不禁背脊生寒。我有多少行为和选择是环境条件作用的结果呢？是谁或是什么东西掌握着遥控器？我活在谁的安排下？如果说，人类的行为是受与实际需求相关的强化物所制约的，那么在哈佛，让我"逆时针"跳的"光线和铃声"又是什么呢？难道说，在当时那个年纪，我的种种不满皆因我没得到足够的"真正食物"吗？

我想到了网球比赛获胜后看台上的掌声。掌声只不过是一种声音，就像铃声一样，可我又该怎么看待它？毋庸置疑，这掌声与"认可""赞同"有关，可它是真正的"食物"吗，还是另一种联想？

我想起自己在课上为了得到 A 而进行的每一次"蹦跳"。试卷或作业上那丁点大小的成绩，不过是一个符号而已。它有什么真实的意义吗？它对我到底有多重要？别人会怎么看待它？而他们又为什么会那么想？我渐渐接近了我"不该"质疑的问题。如果取得 A 和赢得网球比赛不再值得我去追求，那么我的整个动力和意义体系将轻易地崩溃。如果社会对成功的定义是一种社会环境条件，这种条件只是在强化文化上的期望行为，那么什么才是真实的呢？

那一刻，我瞥见了身边的种种从众行为。但是，那时的我还不够自信，并不能抛下社会条件。我看不到在教育体制内取得成功的其他选择。毕竟我会上哈佛，皆因别人告诉我哈佛是最好的。"如果我上了最好的学校，并在那里取得成功，那么我也将成为最好的。"这和眼前这只鸽子的逻辑别无二致。所以我继续蹦啊蹦，直到筋疲力尽，我走到了失败的边缘。然而彻底的失败却是我的一次机缘，它让我瞥见了常春藤联盟"斯金纳箱"的"出口"。

疲惫感和我的拖延症使我的功课落后了。看着那些赶不上的进度，我感觉压力很大。坐下来学习时，我很难集中精力。我的眼睛能把书页从头看到尾，但几乎没有什么焦点。我选修的政治学考试在即，但必读书目我基本都没看过。即便在最佳状态下，恐怕我也来不及读完那些书并通过这次考试。然而，我还是决定全力以赴"闭关修炼"。考试前三天，我带着满满一袋还没读的书来到了图书馆，无论我能不能集中精力理解书中的内容，我都立志要连续学习六个小时。那天我复习的课程是"政府180：国际政治原则"，授课老师是亨利·基辛格教授[①]。

一开始我看得很慢，一字一句地阅读。看完第一页后，我问自己读懂了吗。答案是否定的。刚才读的内容，我一点也记不起来。我又试着快速阅读，但依然毫无所获。压力使我无法集中注意力，我越是清楚地意识到自己没有读懂，我感受到的压力就越大。而压力越大，我的注意力就越不集中。我就这样进入了恶性循环。不管怎样，我还是坚持看了整整六个小时的书。到最后，我的眼睛的确完成了大量的阅读，但我知道自己什么也没有看进去。

我把那些书整理好，收回我的书袋里，我走下图书馆的楼梯，朝大街走去。就在我下楼时，一个声音在我脑海里响起，它的语气是那么令人信

[①] 亨利·基辛格，1923年出生于德国，犹太人后裔，1938年移居美国，毕业于哈佛大学，美国著名外交家、国际问题专家，美国前国务卿。——译注

服："你肯定不能通过这次的考试。"这话我无从反驳，这就是事实。当我推开拉蒙特图书馆的大门时，那个声音用同样令人信服的语气说："如果你再这样什么都读不进去，你不仅这一科会挂，还会被哈佛大学开除。"不等图书馆的大门关上，我就接受了这一说法。而随着大门咣的一声关紧，我似乎已经失去了成功的可能。等我踏上麻州大道时，我彻底接受了自己会被哈佛大学退学的事实。尽管我无法想象这样的事会发生在自己身上，但现在这就是板上钉钉的事。

一切都结束了。我走出了校园，那是我唯一的成功之路。换言之，我也被"成功"除名了。在此之前从未挂过科的我，在那一刻认定了自己就是个彻头彻尾的失败者！

接下来发生的事，我有些难以启齿。我这样一个失败学子，走在麻州大道上，实在无处可去。我不能留在学校，我也不想回家，我无颜面对亲友。我在一个世界的尽头，却看不见下一个世界。然而，我内心深处却已经接受了命运的多舛。我脑海里只剩下一个问题——"现在怎么办？"

夕阳西沉，我看到街边有一位乞丐。他双腿高位截肢，坐在人行道上的一块毯子上卖铅笔。我以前就见过他，每次从他身边经过，我都很不自在，会纠结要不要买支铅笔。现在，我什么想法都没有了。就这么看着他，我看到了一个和我一样的人。我感觉我们之间有某种关联，是那种人与人之间尊严平等的关联。我记得那时我想："我不是在仰视或俯视这个人，而是在和他平等地对视。"一视同仁的感觉真好。

或许，这种联系感我已经寻找了许久，只不过我在一味追求成绩的过程中忽略了它。我把好成绩和自我价值联系在了一起。可笑的是，这种我所需要的"真正食物"的味道，竟然出现在我的价值的外在体现消失的时候。我顺着街道前行，感觉自己焕然一新。我看待他人的方式变了。我不再和他们比较，而是想了解他们。"成功"之门关上了，压力消失了，尽管我对生活一无所知，但我很庆幸自己还活着。

有那么几个小时，我过上了不一样的人生。我走出了斯金纳盒，我是一只自由的鸽子。我也是一只失败的鸽子，但却是一只大大松了一口气的鸽子。尽管并没发生什么特别重大的事情，但我却换了个角度看待人生，每一刻都显得新鲜有趣。我不惧与陌生人交谈，也不怕谈论以前我不感兴趣的话题。我既没有高高在上的感觉，也没有低人一等的感受。思维清晰的我不卑不亢，且活在当下。我已在不知不觉中，卸下了背负已久的重担。

翌日清晨，我醒来时感觉棒极了，没有了平日里的压力。然后，我又想到了那个问题——"现在怎么办？"继续上学是个不错的选择。不过这似乎只是一种选择，并不是必需的。虽然我也说不准，曾经的我带着强烈的学习热情在哈佛校园走了一遭，但那种"必须去上学"的强迫感已然消失。我现在纯粹是自愿去上学的。当我坐进教室，听着同样的教授讲授同样的课程时，我略感惊讶地发现，我竟然很享受听他们讲课，并且在他们的话语中听出了几分趣味。过去的我不停地进行着内在评估：我是否理解了这些资料，或者在考试时能不能记住这些知识点？令我更惊讶的是，当我再一次阅读基辛格教授国际政治课程的书目时，我竟然对前一天还读不懂的内容产生了兴趣。这是几周来，我第一次读懂了内容，我不用再发愁了。尽管到了第二天期末考试的时候，我只看完了一半的必读书目，但我并没有感到压力。我用自己所掌握的内容作答，并没感到丝毫的压力。

一周后，考试成绩出来了，我得了 C，这令我重拾信心，我相信自己可以好好学习并顺利毕业。渐渐地，我的学业回归正轨，而我也能够集中精力了，甚至比以前还要专注。我的成绩从 B 提升到了 A，我也说不准自己是不是失去了最初的自由感。那些成绩 A 和它们所许诺的成功，在我看来开始成了好事，而且我发现自己在不知不觉中，再一次被诱惑了，随着教育体制的光线和铃声，我又蹦跳了起来。

我发现在校园环境中，自由工作的状态难以维系，而且我也没能彻底做到"打破常规思考"。但我感受到了自由的冲动，体验到了自由的可能，而我永远不会彻底将它遗忘。从那时起，我明白了那句格言的真谛："或许我们需要生活在人群中，但我们不必像众人那样生活。"

如何实现工作自由

我知道大多数人都有想要自由的冲动，即使是肩负着种种责任的成年人也一样渴望自由。并不是说我们真的要抛下我们的责任，而是说我们要在肩负起责任的同时获得自由。当责任主要源自外在压力时，我们会发现自己在随着光线和铃声翩翩起舞，而我们就此失去了获得自由的冲动。正如我们所做的那样，我们很难区分自己的真正需要和单纯的象征性需要。

怎样才能使一个人从这种恍惚状态中清醒过来？不幸的是，有时候需要一场危机或一场悲剧，有时候需要我们的梦想破灭，有时需要我们精疲力竭或是大病一场。我很欣赏克里斯托弗·里夫，他说他在四肢瘫痪后才明白，能活着比成为数百万粉丝心目中的"超人"更幸福。那些还在努力成为他人眼中的超人或女超人的人们，能从克里斯托弗的故事中学到什么？

如果我们能打破条件思维的箱子，会剩下什么？我们真正的理想抱负是什么？我们自己的欲望又是什么？而这种欲望会化作怎样的梦想？这些梦想与我们目前的梦想有多大的差别？我们想要往哪里走？我们想如何抵达那里？

要想回答这些问题，我们首先要做的就是深入探究自我1和自我2的本质。

认清自我1和自我2的差异

怎样才能更好地分辨自我1和自我2之间的区别？我把自我1称为虚构的自我或一个心理结构；而自我2是我们与生俱来的自我，它是被创造出来的自我。既然我们每个人都有思考能力，那么思考也是自我2的一部分。但是，我们通过思考形成的概念，与设想出它们的自我是两码事。

这些概念，无论是我们自己虚构出来的，还是外在条件作用的结果，都会对我们产生很大的影响。例如，如果我认同"我不够好"这样的概念，我就会带着这个概念的滤镜，来看待自己的感受和行为。我也会用同样的滤镜，来解释别人对我的看法。毫无疑问，我肯定可以找到足够的"证

第六章　由从众到流动

据",印证出一个大致的负面自我形象。此时,这一负面概念得到了强化,它将被用于寻找更多的支持性证据。这就是一个自证预言。

认识到负面自我概念的力量,有些人试图通过肯定正面的自我概念来扭转这个过程。但是"我是最棒的"这一概念只是一个概念。正面的自我概念可能会产生更积极的行为,但我从来都不满足于仅仅把消极的编程变成积极的。虽然我们对自己的想法可能会像计算机中的软件一样可重新编程,但我真的想把自己看成一台遵从程序的计算机吗?对我来说,重要的是要认识到我的自我概念,无论是正面的还是负面的,准确的还是不准确的,都只是心理结构,它们只是由思想构成的,不能代表我。我和它们不能混为一谈。

真正的自我可比我怎么看待自己更重要。正是这个自我从婴儿时期开始,并贯穿我成长的每个阶段,深深吸引着我的兴趣。当我承认它时,我就能将各种真实且美好的品质、感觉、思想、冲动和行为都归功于自我。无论是什么创造了它们,我都能毫不费劲地体会到它们的伟大、善良和力量。而这时,自我1可发挥不出什么影响力。无须向自己或他人证明什么,我满足于做自己。

当然了,我的自我概念会阻碍并扭曲这个自我,令我做出不真实也不美好的行为。假使我能把这些扭曲与自我2区分开,它们就会成为我们精彩人生篇章的一部分。这样一来,我才能更好地欣赏自我2的存在和品质。

毫无疑问,自我2在走向独立的过程中,很容易受到各种有害的、限制性的错误观念的影响。我们都是在社群中长大的,不管社群是大还是小,这个社群中的流行思想都很容易影响到我们。信仰、价值观和观念会被很有效率地传递给新来的人,并很快成为其自我1"软件"的一部分。在我们试图了解我们是谁,以及别人如何看待我们时,我们的感知可能很不稳定,似乎是随机的。某天,我们看到自己是有成就的,受人尊敬的,被爱的。而后一天,当我们在一项任务上失败或发现有人不欣赏我们时,我们就会把自己看成毫无价值、没有美德或没有能力的人。

当我们的自我 2 朝着独立和增强意识的方向发展时，它就能学着将有条件的软件和它的固有特性区分开来，并做出接受什么和拒绝什么的选择。正是通过运用这种区分能力，我们才能摆脱那些阻碍我们成长的扭曲现象。

我对这一话题的热情部分源于我经历了自我 1 所带来的最糟糕的经历，并且有幸认识到并尊重自我 2 的优点。对我来说，重要的不是二者之间的哲学区别，而是知道区别的能力。当我能通过感觉与自我 2 建立联系时，我就能真正地承认它。我需要意识到我内心的自我。然后我就可以真正开始自我发现的过程，与单纯的概念自我形成鲜明的对比。尽管在我所做的任何事情中，两个自我的某种结合总是存在的，但内在游戏的重点是要学会以最少的自我干扰来充分表达自我 2。

最后，自我 2 有一个方面在关于体育的内在游戏系列图书中没有得到过多强调。那就是自我 2 能够有意识且有目的地思考。当我们表现好的时候，总会将之归功于自我 2；但正向思考并不是打高尔夫球或网球的重要条件。事实上，在体育运动中，当思维静止时，我们的表现似乎是最好的。但在工作中，大多数人都需要思考。我们不仅需要思考我们在做什么，还需要思考为什么。

自我 2 拥有自我意识——它能够创造或识别事物的意义，并执行有目的性的行动，这正是人类的基本属性之一。两个人可能在对打网球，但只有一人清楚为什么打网球。同样地，两个人可能做着同一份工作，但只有一人清楚地知道这份工作的目的或他为什么要努力做好这项工作。本章的下一部分将重点介绍在工作中有意识思考和有目的行动的力量。

EF：我的高管友人

在过去的二十年里，我与许多高管探讨的话题都围绕着最佳绩效表现和员工能力提升。在这些对话中，有一系列对话与众不同。

这些特别的谈话对象是一个我只称之为"我的高管友人"的人。他或

第六章 由从众到流动

许是我所认识的最成功的高管,这并不是因为他所担任的职位,而是因为他实现目标和成就梦想的非凡能力。在和他的数次交谈中,我学到了很多关于工作人员成长和发展的知识。二十多年来,他已成了我最敬佩的朋友。出于对他隐私的保护,且我们都是私下谈话,文中我就用 EF 指代他了。

我和 EF 的很多谈话都是我们打网球时进行的。打球时,我们不计算比分,只是相互击球,边打球边聊天。每当需要集中注意力时,我们都会休息一下,站在网前完成对话。EF 说他之所以会打网球,纯粹是为了锻炼身体,而我会打网球,完全是为了从我们的互动中有所收获。

这些谈话对我的影响很难描述。EF 说话总是很接地气,他不会摆大道理,话里话外都是我们的日常共识。这些话虽简单却十分深刻。有时,它们如此简单,只是出于我对他非凡的个人和职业成就的尊重,我才会把它们放在心上。打完网球回到家,我都会好好琢磨他说的话。有时,需要经过一段时间的沉淀,我才能弄懂他话中的哲理性和实用性意义。EF 可没把自己当个哲学家。作为一个务实的人,他之所以对理论观点感兴趣,是因为它们可能有助于他实现自己的目标。

EF 走南闯北去过很多地方,他的观点融汇了广泛的国际经验,却又似乎超越了所有文化。相较于人文差异,他对人类的共同之处更感兴趣。

我们曾谈及西方和东方的管理风格,它们的共同优势和劣势,以及组织内的学习与交流。我们也聊过个人独立思考的重要性,以及个体的完整性是多么容易因其所属群体或社会待办事项的压力而受到损害。几乎每次的谈话中,我们都会探讨成功对一个人意味着什么。

有一天,我和 EF 打了一小时的高强度网球,其间我们几乎没说上几句话。停下后,他递给我一张刚打印出来的纸,说:"咱们一直在谈论的事情有了突破。你拿回去看看,我想听听你的看法。"我满怀期待地把这页纸带回了家。

"流动能力" 这张纸上的标题只有一个词:流动能力。通篇也不过寥寥数百字,并配着一幅达·芬奇的《维特鲁威人》草图——画中的男人四肢

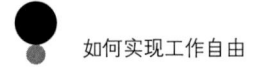
如何实现工作自由

伸展，一个个箭头示意其有往各个方向流动的能力。

如达·芬奇那般，我的这位高管友人在其领域里也是个惊才绝艳的人物，并在其他诸多领域有所建树。无论是本职领域，还是其他领域，他都能在欣赏事物表象时，看穿其深层次的结构，并为之着迷。

EF的开场白十分简练：

> 这里列出的一些因素可以推动人们朝着他们期望的目标前进，或者阻碍他们实现目标。

接下来是一则定义：

> 流动能力：体现一个人是自主行动还是被动移动的能力。

跟着是对这则定义的详细解读：

> 于我们而言，它是指流动或者适应、改变或者被改变的能力。同时，它还包含另一重意思——能在恰当的时机，通过我们感觉好的方式，在获得满足感的同时，实现期望目标的能力。因此，流动能力不仅意味着改变，还意味着改变过程要和谐且有充实感。

我坐在家里琢磨："EF所说的流动能力到底是什么意思？"一开始，我只当它指的是实现个人目标的灵活性和及时性。然而"在获得成就感的同时，实现期望目标"意味着，要在实现工作目标的同时，实现个人目标。这个观念很简单，却具有重大而深远的意义。很显然，EF看到了在工作中获得个人成就感的可能性，但他也明白这是相当罕见的。通常的情况是，个体的成就感是实现目标的结果。然而在这个新的观念里，流动能力意味着目的地和旅程都可以而且应该令人满意。

EF下面一段话讲的是改变和觉察。我俩在谈及个人改变和组织层面的宏观转变时，也会经常探讨这两个主题。无论是哪个层面，这二者都是EF最感兴趣之处：

> 这样的流动会带来觉察力的提升，以及在必要时做出细微改变的能力。能够在变化中做出改变，正是成功和失败的分水岭。

这一点我在指导体育和工作的内在游戏过程中都清楚地看到过。当网球运动员或工作者对所发生的事情有了更多的了解，无论是内在的还是外在的，变化都会以一种演进的方式发生。意识模式下的学习过程是微妙而有效的。它远没有命令控制法那么机械僵化，也没有那么强制。在改变的过程中，与自我2的和谐使我们更有觉察力，这反过来有助于我们进行微调。

随后EF描述了个人和组织在变革时期面临的最大困难之一——为了改变而改变：

> 当人们经历某些挫折时，他们会觉得只要改变就能解决一切。但是，随机的改变产生的是随机的结果。

如果企业能够理解最后这句话，它们就不会费力开展不恰当的改革，从而节省下数以亿计的资金和无法估量的工作用时。不要试图改变自己认为应该改变的所有事情，这是我从体坛和职场上学到的经验之一。如果所需的改变交由非评判性的意识来处理，那么许多其他问题都会自行更正。

起初我很难理解EF下面这段话：

> 只有和其他各要素同步并以正确的比例发生时，改变才有价值。流动能力给了我们流动的能力，而不是理由。改变的能力并

不能保证做出改变就会通往成功。因此，流动能力必须与方向密切相关。一旦将它们分离，二者都会失去价值。失去方向，改变无法成功。

我发现 EF 所说的应该是类似于系统思维的东西。自然界中有很多关于系统的例子，然而在工作中，只有当所有必要元素都存在并且与其他元素同步运转时，才能称得上是系统。假如你对系统中的某个部分进行改动，就会引起另一部分的改变，并导致整个系统的改变，而这些改变并非你有意为之。用化学制剂洁水，可能最终会杀死喂养鱼群的藻类，而这些藻类反过来又有助于保持水体的清洁。

这种现象也存在于家庭系统中，特别是那些有成瘾问题的家庭系统。如果只是上瘾的家庭成员接受治疗，其他应对成瘾问题的家庭成员就会失去平衡。有时会有太多的干扰，这加大了上瘾者的压力，令他们重新上瘾。

在生意场上，类似的案例更是不胜枚举，随机的改变对企业整体而言并没有好处。旨在解决某一个问题的改变会造成十个新问题。某一个部门的解决方案会对另一个部门产生负面影响，并形成更加严重的问题。

要想做出符合总体目标，且与正在进行的其他改变同步的特定改变，就需要对系统的所有重要要素有更广泛的觉察。不考虑对系统内其他组件的影响，就开始某些特定改变，通常会赢来短期的胜利，但同时也会导致整个系统的失败。

EF 在这页纸的最下方列出了流动能力的五大要素：

1. 承认自己的流动能力，因为你确实拥有它。
2. 尽可能清晰地勾勒出你心中目的地的画面。
3. 愿意在改变中做出改变。
4. 确保目标清晰。
5. 保持行动和方向协调一致。

这就是终极流动能力 整页纸上的信息总结起来就是要获得行动的自由，从而实现内在目标和外在目标。我还看到，这需要打破不必要的外在束缚，用更高层次的觉察和有意识的思考来取代它们。在某些方面，这与我已领悟的某一观点不谋而合，那就是要让自我2有更多机会表达自己。EF传达出来的信息与工作铁三角理论十分接近，那就是要同时满足学习和享受目标以及绩效目标的需要。EF也很重视觉察、选择和信任。流动能力可以说是我所学的关于工作的内在游戏的精华所在。然而，对于这种流动能力的概念，我的理解还不够全面，我还想要进一步学习。

我要如何才能将流动能力应用到我自己的工作生活中？我真的能在实现工作目标的过程中，获得令人满意的个人成就吗？对自己的进步感到满意到底意味着什么？我能否获得流动能力，并帮助我的客户获得它呢？

循序渐进 让我们一起来细品一下EF提出的流动能力要素吧，看看它们是如何帮助我们扫清困难的。

1. 承认自己的流动能力，因为你确实拥有它 想一想，在工作中哪一方面令你不满意。将你的满意度按1到10（10是满分，表示非常满意，1是最低分，表示极度不满）进行打分。请考量流动能力的三个维度：（1）对实现外在目标的贡献；（2）对你的内在满足感的贡献；（3）你对完成上述工作的时间投入有何感受。

假设你的总体满意度是4～5分，且你维持这样的满意度已经有一段时日了，那么流动能力能同时提升你在上述三个维度的满意水平。拥有流动能力并不等于你立刻就能从4～5分提升到8分；拥有流动能力只意味着你承认一旦做出选择，就能知道要如何去做。

承认自己有这种流动能力，你才会真正相信自己能够朝着更高的工作满意度迈进，然而说起来容易做起来难。想必是有什么妨碍了你的满意度，否则你也不会不满意。但是在所有这些障碍的背后，无论是内在还是外在，都存在着一种渴望、一种希望和朝着你所期望的目标前进的能力。若想承认自己有流动能力，等式的两边都要你的认可。

内在对话可能是这样的:"是的,我相信自己在工作这一方面能获得更大的满足,但是……"这样写出来,可以帮助你认清乐观的声音和怀疑的声音。如果你知道阻碍自己满意的障碍都有哪些,那么就把它们统统都写下来吧。标注一下哪些是内在障碍,而哪些是外在障碍。接下来就要正视你的内在资源。你曾用过这些资源摆脱困境。你已经实现了某些目标。最后,记住,朝着自己所期望的目标前进的能力是真实存在的,因为你生而为人,单凭这一点就足矣。无论你的障碍是现实中存在的,还是你臆想出来的,承认自己与生俱来的流动能力,这能帮助你找到绕过、通过以及克服障碍的方法。这是你的第一步,也是最关键的一步。

干扰你承认流动能力最常见的障碍在于,你会觉得自己所处的环境使流动能力变得不可能。当然,总有一些事情是超出我们掌控的。但它们并不能斩断你天生的流动能力。流动能力与环境无关。它与过去无关。它甚至与你是否认为自己拥有它无关。流动能力不关注它不能控制的东西,它通过改变它能控制的东西来移动。我自己的经验是,即使在极度绝望的时刻,流动能力仍在那里等待着你去承认它,从而发挥它的效能。

让你自己相信你没有流动能力的最简单的方法,就是形成你对自己和自己做事方式的金科玉律:"这就是我,这就是我做事的方式。"自由是要意识到,无论你的过去如何,你总是可以选择朝着任何想要的方向前进。这是第一步的精髓。你有流动能力,且一直都有。你只需要不时地提醒自己这个事实就好。

18世纪德国诗人、剧作家、小说家和哲学家约翰·沃尔夫冈·冯·歌德有一句名言,论述了那些有勇气赋予自己自由流动能力的人所拥有的巨大力量。"关于所有的主动行动都有一个基本的真理,无视它的存在会扼杀无数的想法和精妙的计划:当一个人明确地自我投入的时候,天意也会动起来。各种各样的事情发生都是为了帮助一个人,而这些事情本来是不可能发生的。一系列的事件由这个决定产生,对一个人有利的是各种不可预见的意外、碰面以及物质援助,这些都是任何人做梦也想不到的。不管你能做什么或梦想你能做什么,开始吧。勇气里有天赋、力量及魔力。现在就开始吧。"

第六章　由从众到流动

2. 尽可能清晰地勾勒出你心中目的地的画面　一旦你认识到自己有能力朝任何想要的方向流动，下一步就是尽可能清晰地勾勒出你想要到的地方的画面。我相信 EF 是刻意选择了"画面"一词，因为在设定目标时，画面绝对抵得过千言万语。

对于一个高尔夫球手来说，更有效的方法是"看到"自己的高尔夫球在空中形成弧线，然后落在草坪上，再滚进洞里，而不是对自己说："我想把这球打进洞。"同样，如果你的目标是与同事更好地合作，那么想象一下合作时会是什么样子，这将有助于提高流动能力。当你用画面、声音和文字来投射某个期望的未来状态时，更多的大脑部件都会参与到目标设定的过程中来。那么在实现目标的过程中，大脑的使用率也会得到提升。

有一次，我和一家大公司的高级管理者们进行了一次目标设定练习，那时正值该公司重大转型阶段。他们写出来的目标既模糊又存在分歧。然而，当他们每个人都拿到蜡笔和纸，并被要求画出他们的现状和未来状态的图片时，结果却有惊人的相似。十幅图画中有六幅上都有一堵被打破的砖墙。在此之前，几乎没有人承认存在重大障碍。此外，他们对砖墙代表障碍这一本质达成了共识。所以说，有的时候用图像比用文字更容易传达我们已知的重要信息。

关于目标设定，人们常说所有的目标都应该是具体的、可量化的且现实的。虽然我已经实现了许多这样的目标，但我不希望目标设定的过程受这样的标准所限。我最重要的一些目标起初都相当模糊，非常难以衡量，而且在当时看来肯定是不现实的。我努力使我的承诺具体而现实，但抱负却不应受限。目标之所以重要，皆因其源于欲望。

作为一名教练，当我问网球运动员他们希望在比赛中有什么改进时，他们可能会说："我想多打一些过网却不出界的好球。"当我问他们想取得多少球的进步时,他们可能会说50%或70%。"你难道就不想所有球都在界内吗?"我反问。答案总大同小异,"想啊,但是我觉得那不现实"。的确如此,那是个不切实际的期望,但它却是十分现实的欲望。你每次挥拍,都不会想要击不中吧。你肯定希望每个球都能打在界内。或许你还希望每一球都能打得优雅且愉悦。不抱不切实际的期望完全没问题,但欲望却是另一回事。

欲望想要它想要的东西。欲望是一种感觉,它能生成一幅它想要的画面或景象。这画面或景象可能和其他人想要的相似,也可能不同,但真正的欲望绝不会是从别人那里借来的。所以,要想清楚自己的方向,最困难的事情是要能把自己的画面和其他人的画面区别开来。

绩效表现目标可能比学习或经验目标更容易衡量,但这并不等于它们更重要。我想起了1996年冬奥会上的一段采访,当时花样滑冰选手关颖珊在比赛中失利,记者请她描述一下她有多失望。她说,她真正的目标是在比赛中滑出最好成绩。"我相信我做到了,"她说,"我全力以赴地去滑了,并获得了银牌。我觉得自己很棒!"很明显,她有两个目标,一个是赢得金牌,另一个是全力以赴。第一个目标是具体的和可测量的,但我能明显感觉到另一个目标对她更重要。记得当时我曾为她感到骄傲,因为她没有屈服于记者的压力,并没为此觉得自己失败了。

当谈到设定目标时,有些人会说:"你可以随心所欲地设定目标。你可以拥有你能想象得到的任何东西。"我对这种说法持保留意见。当我回顾自己的人生经历时,那些我最看重的人、事、物,甚至环境,很大一部分都是我不曾想象过的。我有很好的想象力,但我不想满足于自己或他人所能想象得到的。我希望我的生活可以尽可能地超越我的想象。

若想清晰地勾勒出想要到的地方的画面,区分方法和目的非常重要。如果人们看不到实现目标的方法,他们通常不会让自己接触到他们真正想要的东西。这就是为什么有些人发现不可能弄清楚它们想要什么。一旦欲望出现在意识世界,就会有一道声音响起:"忘掉它吧,那是不可能的。"

第六章　由从众到流动

于是，大多数人就这样将它抛诸脑后。但欲望和方法往往是独立产生的。即便我不一定知道实现欲望的方法，如果我有勇气承认欲望的存在，我的流动能力自然就开始发展了。也许我能看到的只是朝着看似不可能实现的目标迈出的第一步。但当我迈出这一步时，另一个我以前看不到的步骤就变得显而易见了。再多走几步，我可能会更清楚地知道我真正想去的地方的画面了。"有志者事竟成"不正是那些自知有流动能力的人的座右铭嘛。

因此，在考虑达成目的的方法之前，先构想一下想要的结局的画面吧。清晰地勾画出那时的画面和感觉。

举例来说，我可能会想象出一幅画面——自己在没有困扰和压力的情况下工作。我接受工作中的困难，并渴望挑战，因为我知道我可以享受这些困难，并从中看到学习的机会。我可能会想象自己处在一个完全不同的工作环境中，并且能够做更多的志愿者工作。我可以想象自己工作时充满信心，并有一种目标感，而我的努力也足够有意义。我也可以想象获得更丰厚的经济回报，并有不同的创造性成就，因为我知道自己所做的是真正的改变。清楚地了解情况对流动能力至关重要。随着你的行动，画面也可以随时调整，但你一定要掌握画面，不仅是为了保持欲望的活力，更是为了给你清晰的方向指引。

在成长过程中，我经常会听到有人说："无理想者将一事无成。"时至今日这话听起来都颇有道理。如果你对自己想去的地方有清晰的愿景，你就不会被花花绿绿的世界和各种待办事项轻易分散掉注意力。

那么，作为画面基础的欲望又有怎样的优势呢？仅由一个愿望或"善意"而来的流动能力，远不如始于激情的流动能力容易实现。衡量欲望的力量有多强大，你可以看它能克服多大的障碍。我曾在一次研讨会上，要求一组参会人员设定目标。我告诉他们任何愿望都能达成，唯一的条件是他们必须说明他们将投入多少时间和精力来实现这个愿望。其中两个愿望让我记忆犹新。第一个愿望是，"我想在南加州空手道比赛中，获得本体重组的冠军。为了达成这一目标，我愿意在接下来的两年里，每天练习六个小时，每周练习五天"。另一个愿望是，"我希望生活中不再有压力。我愿意每天花二十分钟做冥想训练"。有些目标比其他目标更容易实现，因此不需要太多的投入。你也不用怀疑，一个愿意每天花六个小时去实现自身目标的人，必定有充足的燃料储备来实现这种流动能力。

一旦你能清晰地勾勒出想要到的地方的画面，你就会发现两个方面的变化。首先，你会在向着目标进发的途中看到更多的机会；与此同时，你可能会面临更多的内在障碍和外在障碍。

这两个变化都能说明你开始行动了。不流动时，你不会遇到多少障碍。当你流动起来，障碍就会清晰可见，那是因为你已经接受了一个目标。此外，一旦你做出流动的选择，你就会变得更加警觉。障碍更明显，是因为你更有意识了。如果你过于注重目标，这些障碍可能会令你倍感挫折。但实际上，能看到这些障碍，你反而应该感到高兴。因为看到障碍，你就能找到方法绕过它们，抵达你的目的地。

EF曾给我讲过一则关于障碍的趣闻。他告诉我，人们遇到障碍的反应大致分三类："第一类人遇到障碍时，只会气馁地说：'这太难了，我承受不来。'然后就会放弃。第二类人发现障碍时会说：'无论付出怎样的代价，跨过去、钻过去、绕过去、穿过去，总之我不会让它拦住我的去路。如果我一个人的力量不够，我就会去找工具，我会向他人求助，无论需要什么，我都会去做。'"我心想："很好，我就想成为第二类人。"EF接着说："第三类人遇到障碍时会说：'在我尝试攻克障碍前，我要先找个能看清另一面的有利视角。如果我看到一切付出将是值得的，我会尽一切努力克服或绕过障碍。'"我这才意识到自己时常在和无须对抗的内外障碍做斗争，就像堂吉诃德一样，只因有障碍就去斗争。

一旦我朝着向往的方向迈进，我就能看到实现目标的更好方法，那是刚开始时我不曾看到的。这并不意味着我最初采取的步骤有误或不好，它们可能是我当时在有利视角看到的最佳方法了。如若我不过分执着于最初的行动计划，我可能就会看到通往目的地的更优方法。我可以在自己的改变中做出改变。

可以肯定的是,无论我规划了怎样的路径,都需要做改变。在今时今日充满活力的职场环境中尤其如此。若因此就不做计划了那肯定不行,而不愿意改变个人计划同样也会带来灾难。做改变的最大难题在于,你坚守初始规划,无法说服自己改变。可能你已经收集了大量的证据来证明初始规划的有效性。可能你已经和提出不同规划的人们展开了一场激烈的辩论。所以,当需要做出改变的时候,你感觉只有承认过去是错的,才能说明现在是对的。因此,许多公司在进行重大变革时,都不得不抛弃那些制定初始规划的领导者们。出于同样的原因,许多政客在立场调整后许久,仍拒绝做出改变。并不是说初始立场在当时就是错误的,只能说它是在没有受益于后续发展和洞察的情况下采取的。

我注意到,EF 在证明新的改变是正确的时,并没有贬损过往,也没有批判行动的初始规划。他只是单纯地强调,若要克服障碍、抓住新的机遇,就必须做出这些改变。他的说法令我很惊讶,因为我认为激励变革的方法就是批判过往,而且这一观点在我的思想中早已根深蒂固。当然,EF 只是在练习非评判性觉察,这正是我在体育运动中发现的行之有效的做法。

并不一定要把改变视为两股对立力量之间的辩证,我们可以将二者结合起来。演进式改变的发生大不相同。对婴幼儿来说,学走路时爬行并不能算错。事实上,孩子如果跳过爬行阶段,贸然开始行走,就会错失大脑的一些重要发育变化。演进式改变遵从的是自我 2 的原始冲动,原始冲动能令行动如河流般自然而然地蜿蜒而下,直奔大海的怀抱,沿途的阻力也是最小的。

多年来,我见证了许多公司变革的讨论。它们通常发生在"非黑即白,全部还是一无所有"的情境下。有人提出了一个新的方向,但当第一个困难出现时,他们就会感到威胁,通常会开始怀疑整个建议的有效性。

然而,只要确定了新的方向,就必须做出改变。每个重大规划,无论做得多么细致周密,它都无法预测到一切。因此,在做出新的改变之初,那也是不确定性和风险处于峰值的阶段，EF 建议采取可逆性措施。而随着我们逐渐相信方向的有效性，我们就能在不迷失方向的前提下，更轻松地在改变中做出改变。

愿意在改变中做出改变，能带来高额的回报。一些最成功的企业，都是在产品、交付方式、对客户和市场的看法或内部组织和文化等方面做出了根本性改变之后，才会愿意在改变中做出改变。一家公司所能做出的最艰难但最有力的改变，就是改变其"圣牛"，而圣牛是指那些在企业文化中不容置疑的人或假定。可口可乐公司前总裁罗伯特·戈伊苏埃塔，在其任期的最后几年中，通过系统地识别并质疑公司文化和实践中所有的圣牛，做出了若干重大贡献。

对个人而言，也是如此。改变那些我们甚至都未曾意识到的假定，往往会带来巨大的机遇。比如，多年来我从没想过，我对工作的定义是可以改变的。我也曾假定，想成为一位教育工作者，就要与一间教育机构建立联系。抛开这一假定，我发现了太多我不曾预见的机遇。有时候一切就是那么简单，正如我改变了自己对工作的定义，或是改变我为谁工作，又或是改变什么才是我真正的贡献，就会产生不同的结果。

具有讽刺意味的是，改变本身可以成为圣牛。我就见过一些领导者和管理者，在他们看来，如果其他人都在进行某类改变，那么他们也该做这样的改变。这其中的假定就是，只要是改变，那就是好的。正如 EF 所说，"随意的改变只会产生随机的结果"。随意的改变对你的流动能力可能并没有帮助。它们会分散你对目标的注意力，浪费你宝贵的时间、精力和资源。

3. 愿意在改变中做出改变　此处的关键是灵活性。想象一下，一棵根深蒂固的大树，尽管枝干会随风摆动，但它稳固的根基却不会动摇。这也是最具人性的品质，坚守现实和真实（内在火种），而不依附于那些昙花一现的特定改变。只有当我们扎根于自己不会改变的那部分时，我们才能在保持真正的方向的同时，真正地拥有灵活性。

4. 确保目标清晰　我真不敢相信这一步竟会出现在 EF 的清单上。"确

第六章　由从众到流动

保你的目标清晰"？就在我快要接近结论时，却要我调头返回起点？但是，过了一会儿我意识到，工作中的各种行动和反应会迷了我们的眼，我们忽略了我们做这件事的初衷。我们不仅很难记住我们工作的总体目标，而且即使参与某项具体任务时，我们也很容易忘记执行这项任务的原因。

在我参加地方和国家级的网球锦标赛时，我的教练都曾告诉过我，打网球的目标十分简单："只要赢下最后一个赛点就好。"但这太荒谬了。如果这真的是比赛的目的，那么你要做的就是选择一个远不及你的对手。这能确保你每次比赛都能取得胜利。但这不是重点！大部分人都会选择与自己实力相当或比自己更强的对手。如果你想赢得最后一个赛点，这算不上好策略，但如果你想得到乐趣，你想学习，那么这就是很好的策略了。所以我们认识到，胜利并不是唯一重要的事情。但一旦我们在球场上，在比赛中，我们可能就很难记住这一点了。

参赛的目的和比赛的目标完全是两码事。当我们把比赛获胜的目标与为了在比赛中学习、享受挑战的目的混为一谈时，流动能力会更容易受损。因此，即使眼前的"紧急状况"乱作一团，最优秀的领导者依然会不断提醒大家每个人的初衷。想要保持流动能力的聪明人会谨记自己做出改变背后的目的。

随便选一项你工作中的具体行动，问问自己："我为什么要这样做？"你想到的第一个原因是什么？再想想你的初衷。这么做有多容易？二者又有多少联系？在实现次级目标的过程中，忘却初衷可能会产生什么后果？

我曾和 AT&T 的一群员工做过这个实验。虽然每一名员工都应该关注"客户满意度"，但大多数人都无法具体告诉我他们所做的工作是如何促成这一使命的。对于一些拿时薪的员工来说，这更容易，因为他们每天都会和客户直接接触。但对于那些管理者们来说，他们和客户之间却隔着 10 到 15 层。他们为人服务，而他们所服务的对象又服务于那些最终"让客户满意"的人。当他们一心埋头苦干时，就会忘记客户的存在。或者，换句话说，他们在专注于次级目标的时候，就会忽略原本的目的。

但是，客户满意度真的是驱使员工们在AT&T工作的目的吗？员工的想法是什么？是让客户满意，还是让他们的直接上司满意？都不是。他们中没有一个人来工作是为了让客户或他们的主管满意。他们来工作是因为自我和家庭的原因，而这些原因常常会被人遗忘，但这些原因才是促使他们辛勤工作的终极动因。

为什么在完成次级目标的同时，谨记主要目的如此重要？毕竟，不管目标是否牢记，"工作"都能完成。那么，这到底有什么区别呢？

用"工作＝表现－干扰"来定义工作，可能看不出多大区别。但就流动能力而言，可有着天壤之别。目标能提供方向和成就感，也为最重要的学习提供了基础。

若想回答这个问题，我们就得掉转头，再来看一看流动能力的原始概念。你到底想去哪里？也许你只是为了一份份薪水而奔波。问问自己，这些薪水要用来干什么？也许你会说，要用来改善你和家人的生活质量。这是不是和你工作的真正目的很相近？所以，如果生活质量是工作的真正目的，那么在工作时你就不想要生活质量了吗？当你在追求工作中涉及的任何次级目标时，谨记那才是你想要的，这难道就没有意义吗？如果你忘记了初衷，为了短短数小时的休息时间内的生活质量，而舍弃你工作时的生活质量，你难道不觉得这很糟糕吗？

自然，企业也希望全体员工都能有和组织一致的目标。为了达到这一目的，他们会阐明使命方针，制定服务于这些使命的战略，设计服务于战略的企业目标，并实施实现目标的各项方案。分清这一环套一环的目标孰重孰轻、孰先孰后是对企业领导层的重大挑战之一。

这一系列的努力都是为了让员工们专注于正确的优先事项，员工们会轻松地记住自己的优先事项——不仅是他们在工作中的角色，还有他们为什么要先做这项工作。那么谁又来提醒他们呢？能够看到此间益处的管理者或领导者寥寥无几，绝大多数员工还得靠自己提醒自己。

等式的一边是个人的目标，另一边是组织的"企业"使命、战略、战术和目标，二者有着显著的区别。不同的人可以做非常相似的工作，却出于截然不同的原因，但他们能毫无冲突地在一起工作。但他们的主要目的最终会把他们带向不同的方向：个人流动能力的方向。因为恐惧而工作的人会走向恐惧。出于家庭责任而工作的人会走向家庭。想在工作中享受生活的人，就会朝着享受的方向前进。

寻找梦想的家园　我的姐姐给我讲过一个很棒的故事，故事中，他们在追逐目标的迷雾中忘却了初衷。那时，为了满足日益壮大的家庭需要，她和姐夫正在努力买下他们的第一套房子。然而每个人心中都有自己的"梦想的家园"。他们看了一套又一套，却没有哪套是他们都喜欢的，这一过程十分令人沮丧。他们左看右看，商量来商量去，时不时还要争论一番，但始终没能达成统一的意见。几周的挑挑拣拣，却无果而终，姐姐说，她意识到问题不仅是意见分歧和拒绝妥协，而在于她没能明确自己的目的。"我们为什么要找房子？"她问自己。答案显而易见："我们在寻找一处能让我们这个'幸福的家庭'共同生活的地方，但是，我们并没有朝着'幸福的家庭'的目标前进。如果还按照现在的方向前进，我们恐怕还没找到幸福的地方就得离婚！"

她跟姐夫说，她不想看房了，因为对她来说夫妻关系比房子更重要。这话也点醒了她的丈夫，他也意识到当时的情况有多荒谬，于是，二人达成共识，先把买房的事情放一放。一周后，房地产经纪人给他们打电话说找到了"完美的房子"。他们去看了，两人都很喜欢，而且买的时候谁也没挑三拣四。目标不明时看似不可能的事情，一旦明确了目标，就变得相对轻松了。

5. 保持行动和方向协调一致　我们的行动和目标应该始终与我们的目的保持一致。但是，千万不要将它们混为一谈，也不要受它们干扰而分散注意力。

这意味着，如果我把自己的学习和发展作为工作定义的一部分，那么我的行动和目标就应该符合这一承诺。我要寻找并接受能拓展我能力和理解力的机会。我要继续确保我的行为符合我的表现目标，但我也会设定学习目标，它们必须和我想在工作中提升能力的欲望相一致。我会从经验中学习，不会因犯错而退缩，因为我能从错误中吸取教训。

同样的道理也适用于我在工作中获得享受的承诺。我要让自己远离沮丧、压力和超负荷，朝着心满意足的方向前进。大多数个人和公司若想拥有这种流动能力，还有很多东西要学。

在只重视表现的文化里，我们很容易就会牺牲自己的内在目标、享受和成长。

流动能力的想象画面　在我的心目中有个想象画面，它能提醒我流动能力的价值，并将流动能力和一般目标设定区分开来。两辆汽车——假设是两辆大众汽车吧——即将离开旧金山前往芝加哥，给它们相同的时间把乘客送到目的地，并要求它们同时送到。但是，第一辆车的乘客在经过了一段异常颠簸的旅程后，身心俱疲倍感压力，车辆本身也需要大修，然后才能再次出发。然而，第二辆车的旅途却截然不同。乘客抵达终点时不仅精力恢复了，还享受了整个旅程，车况比出发时还要好。离开旧金山时它还是辆大众，抵达芝加哥时它就成了梅赛德斯－奔驰。两辆车都完成了指定任务，但其中一辆却在移动的同时提高了性能和舒适度。两辆车都移动了，但却只有一辆有流动能力。敢问你下次的旅行会选哪辆车？

对一些人来说，这样的想象画面似乎是天马行空。车辆在行驶过程中其性能不可能发生明显变化。但是人类呢？我们是开车的驾驶员，车辆在行驶过程中能够不断提升性能。这种提升不仅可能，而且对我们很重要。但毫无目的地提升能力是毫无意义的。自由工作意味着我在通过能力的提升满足自我。这意味着无论是工作时还是不工作时，我都能不断提升自己享受生活的能力。

认识到流动能力的重要性　流动能力是我们在学习自由工作的过程中的关键概念。多年来，我相信只要让自我安静下来，相信自我2能做到最好，并在这个过程中学习，就足以成就卓越。我有充分的证据证明流动能力在体坛的效用,而且许多专业人士也热情地报告说,流动能力在企业环境中也行之有效。关于投入忘我的竞技以及在"心流状态"下工作的故事数不胜数。我相信自我2有无意识的智慧,我也很享受处于任意的心流状态,但等式里还需要添加一样东西才能算完整。那就是流动能力。

流动能力是关于有意识的智慧。它不仅能让你处于心流状态,更重要的是,它清楚地知道你在哪里,要往哪里去,以及为什么。从本质上讲,它能让我们有意识地工作。

要想知道你在做什么和为什么这么做,你就需要有意识的思考和持续的记忆。这就需要你完全地清醒——觉察身边发生的与你的目的地有关的一切。无意识地工作就像乘客不清楚目的地是哪儿,无法有意识地选择该在哪里转弯。这就是司机和乘客的区别。一个人要是认识到了流动能力的重要性,他就不会再满足于进入任意的心流状态了,他一定要进入自己选择的心流状态,朝着他想去的地方前进。

这种流动能力可以让我摆脱斯金纳箱的从众心理。它使我从一只训练有素的鸽子(会对光线和铃声做出条件反应),变成一个可以自由选择每一步的成年人,并能朝着任何方向流动。这样的我无论是独立工作,还是在团队中工作,都不会破坏我的完整性,也不会扰乱我的方向。因此,流动能力的核心就是认识到你完完整整地掌控着自己的行为、价值观、思想和目标。简言之,你掌控着自己的人生。

对大多数人来说,接受这种选择的自由和随之而来的责任,是一个严峻的挑战。从众的本质就是抛开你对他人的责任——对"社会"、对"家庭教养"、对环境、对往昔的条件或事件、对"我的领头人"、对"人性"以及对"我的基因"的责任。这就像你埋怨你的车,无可否认,它可能只有六缸,风挡玻璃脏兮兮的,车尾有凹痕,还需要换机油保养。我并不是说在工作中驾车我们不需要维修。车辆需要经常修理,也需要定期保养。但流动能力意味着我不能埋怨车把我带到了哪里。发现自己在兜圈时,我得看看是谁开的车。在我的工作生涯中,我是不是把驾驶座让了出去,坐在了后排座椅上，还在跟其他人抱怨窗外的景色？我把自己的驾驶权甩给谁了？又是为了什么？

因此，如果内在游戏的第一步是认识到你驾驶的车辆能够移动，那么第二步就是意识到那是你的车，然后握紧方向盘开始驾驶。我们随时都可以调整方向，但是如果不承担起对自己身处的位置和选择的方向的全部责任，我们就无法在工作中获得自由。

这并不是什么新鲜事。但大多数人，包括我自己在内，都需要经常提醒自己，我们有力量和责任来锻炼我们的流动能力。下一章将介绍一种工具，它能帮助我和其他许多人在工作中保持清醒，并将双手牢牢地把握在各自车辆的方向盘上。

第七章
学会"暂停"

"暂停法"是意识工具之王,目的在于帮助一个人或一个团队摆脱隧道视觉,恢复流动能力,从而有意识、有目的地工作。"暂停(STOP)"四步分解:

▷ 退一步(**S**tep back)
▷ 想一想(**T**hink)
▷ 捋思路(**O**rganize your thoughts)
▷ 再行动(**P**roceed)

阿拉巴马乐队的单曲《我很匆忙》在 90 年代初盛极一时,他们的歌词简单直白,讽刺了人们盲目追求表现的势头。

> 我总是急于求成,
> 一生都匆匆忙忙,生活没有欢乐。
> 我的人生只有生存和死亡,
> 即使匆忙,却也不知是为了什么。

人们是可以在工作中获得流动能力的。这能力听起来很有吸引力,也很有益,但却并不容易获得。尽管所有人都有获得它的潜力,并且我相信它与自我 2 的本质是一致的,但是鉴于大多数人的工作环境(无论是内在的还是外在的),我们都难以获得流动能力。

困难的部分是在工作时保持清醒。在清醒的时候,我们会发现对我们来说,重要的不仅是按时实现目标,还要以令人满意的方式实现目标。我们发现在完成手头的任务时,享受和学习都很重要。但是在我们日常的工作生活中，有着来自方方面面的压力、常规工作，以及各种动量，我们想要保持真正的清醒并非易事。

工作的内在游戏就是在寻找一种工作方式，在这种方式下，你可以变得更加清醒——更清楚你在哪里，你要去哪里，为什么要去。这正是流动能力的精华所在，这是它和从众的不同之处。而自我2的意义也正在于此。这也是为什么重新定义工作和学会专注如此重要。所有这一切都是为了让我们能更有意识地工作。这正是自由工作所需要的。

表现的动量

并非所有的动作都能算是流动能力。有一类活动，大多数人都非常熟悉，它无须有意识的意图，也不必觉察目的。我称之为表现的动量。在生活中，很多人都会有一些习惯性行为，会下意识地做出这些事，完全不会去思考为什么要那么做。我们会那么做只因我们总那么做。我每天都会用同样的方法刷牙，早起梳洗也总按照同样的顺序。这没什么问题。我有许多无须有意识的日常活动，能够下意识地去做这些事实在是省心。但是，如果我的一整天就是一系列的例行公事或无意识的反应时，问题就来了。如果所有的事情都是在默认模式下完成的，我没有有意识的选择，目标也被我遗忘，那么动量就会自动占上风。

我们默认的工作模式和思维方式会发展出自己的动量。"动量"一词通常是指物体的运动。它们遵守因果定律，没有选择的余地。一颗台球被另一颗台球以一定的速度和角度撞击，这颗台球就会按一定方向移动。若我们允许自己在反作用的动量下被动地移动，我们就不再是完整的人类了。"我很生气，所以就这么干了，都怪你对我说了那样的话。"这和"台球"反应十分相似。这类行为缺乏有意识的目的。这是自我1无意识的、机械的做事方式。这样的动量也会带来流动，但这种流动是疯狂无措的，它不是流动能力。很多事情可能都能完成，然而谁也不能保证这能让项目或项目的执行人取得成功。

在职场上，有关动量的例子多到数不清。拿任何一种有人指出可能会存在问题的情况来说，什么是"台球"反应呢？没有停下来评估一下这个问题是否值得解决，大脑就已经开始生成并分析解决方案了。不仅不考虑目的就跳进解决问题的活动中，更不管它是否适合手头的特定情况，就是倾向于使用相同的习惯性解决问题的方法。

解决问题的动量是那么强劲，根本没给创造性思维和战略性眼光留下什么发挥的空间。发生错误时，常见的动量是什么？找个祸首来担责。那么，找到可以谴责的人后，常见的动量又是什么？受指责的人会想方设法为自己辩解，或是将祸水东引。有人发表意见时，我们要么赞同，要么反对。无论是工作还是娱乐，我们设定了一个目标后，就把其他一切都置之度外了，一心只想着达成目标。我们所做的选择仍在动量范围内，可我们通常都会忘记做事的初衷。我们这么做是因为这已经成了我们的默认模式，而不是因为我们记得为什么要这么做。

假设在工作中，你让别人做一件事。有些人会顺着动量自动拒绝，说他们没有时间。而另一些人根本不考虑你的要求是否与他们的优先事项有关，就会顺着动量同意。

思考一下你的待办事项清单的动量——将一天中你"必须做"的所有事情都列在一张清单上，再对它们进行优先排序，并努力在每晚前完成上面所有的事情。日复一日，你要做的事情不断叠加，你想努力把它们完成，好在第二天接下另一堆工作。在一天结束的时候，看着清单上勾掉了149项工作，你倍感骄傲。你可以不考虑任何一项工作背后的目的，就把它们都做完。你满心想的都是"得把它们做完"。这就是实干者的动量。你做啊，做啊，做啊，整天都不停歇，你管它叫工作。你拖着疲惫的身躯回到家，并没有满足感，也许还憋着一肚子的火，可你竟还为自己"努力工作"而沾沾自喜。也许你又让恶魔远离了一天。也许你已经扑灭了不少火。但是，你离自己工作的真正目的，又近了一步吗？你在这个过程中，有享受到快乐吗？

没有刹车的玛莎拉蒂？ 一些人发现很难减缓自己的思维动量，尤其是他们允许动量建立起来的时候。我们的头脑很容易就会变得像豪车一样，有顶配的发动机和变速器，但刹车系统却差得出奇。我们驱车一路飞驰，一次次的危机刺激得我们肾上腺素飙升，生死时速间，我们很难找到刹车，也不愿去踩。然而很多时候，汽车的制动能力和行进的能力同等重要。若是头脑的引擎也能兼具这两种能力，并随驾驶者的心意而动，那会对我们非常有益。我的车速越快，知道如何减速对我来说就越重要。

"暂停"：工具王中王

所有为表现动量开具的处方都存在一个问题，它们只适用于特定的情况。它们的数量多到让人记不清，它们往往会替代意识和清晰的思维。我很钟情于一款名为"暂停（STOP）"的工具。"暂停"的目的在于帮助一个人或一个团队摆脱对表现动量的隧道视觉，从而恢复流动能力，并能够更有意识地工作。

退离峡谷剑战

我想通过下面的类比分析，来介绍一下"暂停"这款工具。表现的动量就好比身为15世纪军队中的一员，在两座大山之间的峡谷中，要用剑击退敌军。当你浴血奋战时，你的注意力集中，视野也急剧收缩。你会全身心地投入眼前的战斗，关注着身边两三米内的威胁与机会。或许，在你眼里只有那个正和你交战的人，你注视着他的一举一动。除了他，你可能还会偶尔注意一下不远处的三两个敌人，他们正在和你的战友们厮杀。当前形势刻不容缓，你的注意力被全部吸引了去，而且理应如此。

现在想象一下，你花了一些时间从战斗中抽身，并顺着山坡向上爬了一段距离。这时会发生两件事。首先,你和战局中的威胁和机会说拜拜了,你紧绷的身体和精神也都放松了下来。其次,你的视角改变了。你站到了更高的位置,你的视野也更加宽广。你眼里不再只有眼前零星的几个士兵了,你能看到你军的整支部队。有了更佳的视角,你可能会看到哪里有人需要你的帮助,或者哪里有什么便宜可占,你可以随之调整战术。

如果你有时间往山顶的方向多走几步,你的视野还会进一步扩大,也许你就能看到你方的整体战术布局了。如果你爬上山顶,你就会看清峡谷的全貌,并从战略角度看到两军的战局。脱离战场并登高远眺,会让你的视角更加宽广,让你有能力做出更清醒的选择。如果你确认这场战役值得打下去,你一定也能确定该往哪里使劲最管用,然后你就能目的明确地重新投入战斗。

来自不同企业的数千名管理者一致认为,"暂停"已经成为有效工作不可或缺的工具。一位管理者称其为"工具王中王"。正如他所言:"这是一款能帮你记起要使用武库中所有其他工具的工具。""暂停"这款工具,还是我从我的高管友人 EF 那里听来的。他在使用"暂停(STOP)"时,将之分解为:

退一步(**Step back**)

想一想(**Think**)

捋思路(**Organize your thoughts**)

再行动(**Proceed**)

退一步 "退一步"是指你要拉开自己和眼下问题之间的距离。退离行动、情感和思考的动量。退后一步,振作起来。找一个能让你保持平衡的位置和姿势——在这里你可以清晰地、有创造性地、独立地思考。

短时"暂停" "暂停"持续的时间可长可短。短时"暂停"可能只要花费几秒钟的时间。例如,你在处理某项工作时,电话铃声突然响起。这时你的手就会伸出去接电话,仿佛那是出于手本身的意愿。两秒钟的"暂停"，就足够让你问问自己，此时此刻你是否真的想接这个电话。"暂停"并不能指出正确的答案，它只是创造了一个机会，让自己回归驾驶位。中等时长的"暂停"能让你在采取行动之前有时间反思并评估眼下的状况。尽管家喻户晓的耐克广告语告诉人们"只管去做"，但是不停下来考虑选择和后果，通常会导致无数次的失败。每隔一段时间，你都可以给自己来一次长时间的"暂停"，让自己有机会从更具战略性的视角看待问题。打个比方，这本书本身就是一份"暂停"邀请函，邀你停下来，从战略上审视一下自己是如何看待自己的工作或是你生活中的某个方面的。

以下是一些短时"暂停"和中等时长的"暂停"举例：

- 不论是怎样的沟通交流，开口前先"暂停"。想到的每个念头都值得说出口吗？"暂停"让我们筛选出恰当的内容、时机，做到言简意赅。同样，我们也不必消化掉听到的全部内容。用"暂停"当过滤器，区分哪些是需要记住的，哪些是不需要记住的。
- 你来到自己的办公桌前，发现还有几份文件尚未处理。你是直接伸手去拿，还是先"暂停"？想一想你今天的优先事项，其中最重要的事项可能都没有这几份文件显眼。
- 一位同事开始抱怨。你知道，他是那种爱抱怨却从不下手解决问题的人。他想让你和他一起抱怨。你是会"暂停"，还是会不考虑自己是否想和他同流合污，就直接发表意见呢？
- 你发现自己被工作压得透不过气来，你也意识到在这种状态下，自己无法对手头的任务进行最好的思考。你知道自己正小错连连。你是会"暂停"休息一下，还是会"咬咬牙，扛过去"？
- 有位同事正在向你询问一个问题。她还没说完，你的大脑就已经脑补出她要问什么问题了，并对此有了答案。你会在她说完之前，就说出答案吗？还是会"暂停"心理上的动量，将她的话听完，再考虑该如何作答？

"暂停" — 开始 — "暂停" 一个工作日内,有多少次你打断了手上的事情,开始干其他的事情?你甚至放下了一些很重要的事情,却反过来处理一些没那么着急的琐事。在我工作时,一天之内,这样的"打断"不知不觉就会超过 20 次。如果我处于自我 1 的表现动量下,每一次的打断都会令我多一丝烦恼,有意识的流动能力也会随之丧失一分。

我还有另一种选择,那就是先"暂停",再思考是否要被打断,以及何时放下手头的事,并做出有意识的选择。尽管这样的"暂停"并没能摆脱被打断的结局,但却让我可以行使自己的选择权。这消除了我的烦恼,也给了我一种自由和享受的感觉,因为工作日的方向盘依然掌握在我手中。若是决定中止手头的事,那么在新的活动开始前,我会短时"暂停",有意识地将前一件事"告一段落",并让自己认清下一件事的目的和情境。让每一件事都有告一段落的感觉,并有意识地选择下一件事,这能减轻大脑因那些未完结的事情所积攒的重担。它能令你不再一次次被不必要的干扰打断,疲惫不堪地过完一天;而是让你在一次次有意识的选择后,心满意足地结束一天的工作。请记住这里面的诀窍,要知道你不必把那些未完成的任务记在心上;你可以把它们放下,因为你知道等你能继续时,它们还会在那里。

练习"暂停" — 开始 — "暂停"有以下一些好处:

- 更能肯定已完成的工作。
- 下班回家时,工作负担减轻了。
- 更有意识地做出选择。
- 上班时或下班后,都感觉更轻松了,精力也更充沛了。
- 更具创新精神。
- 有明确的目的和优先事项。
- 当需要时,能更有意识地做出改变。
- 谨记自己的学习目标。

第七章 学会"暂停"

- 检查感觉水平——快乐、压力、疲劳。
- 牢记曾被遗忘的承诺。
- 决定是否需要更长时间的"暂停"。

好处有很多,但你要怎么做才能找到"暂停"的准则呢?

"暂停"的钟声　最近,我向一个定期去修道院静修(一种长时间的"暂停")的人解释"暂停",在那间修道院里,每人每天都有不同的任务要做。修道院的钟声会不定时地响起,听到钟声,所有人都要停下手头的工作,两分钟内不能工作。除了要求所有人停下工作外,并没给他们其他的指示。

"刚开始时,真的很难无缘无故地就停下手头的工作。"她说。

"你觉得难在哪里?"我故作无知地问道。

"嗯,曾经我一听到那钟声,就觉得它讨厌,"她咬牙切齿地说,"我讨厌那种感觉,就是那种我必须打断继续工作的干劲的感觉,尤其还在别人的要求下。但是在两分钟的时间里,我们大家会深呼吸,集中精神,很快我们就会发现我们的觉察范围扩大了,我们也更欣赏已经完成了的工作。它成了我们最难做到却也最有益的准则之一。"

短时"暂停"只需一点点的时间,却能带来丰厚的回报。每次短时"暂停"都是在提醒你,你不是表现动量的受害者,你可以选择停下来思考后再重新开始。在通往有意识地工作的道路上,每个人都应养成这个有价值的好习惯。

创造思考空间　创造一个与众不同的身心环境,它将有助于你反思和战略思考。你可以选择一张特定的椅子、一个特定的房间,或任何你可以反复利用的环境。这能帮你放慢脚步,为反思和有意识的思考做好准备。这就是在创造"思考空间"。

思考空间必须完全摆脱智力和情感表现动量的影响。试想一下,你坐在船长椅上,周围的所有重要元素,你都能一览无遗。在你的星际战舰上,你就是寇克船长。你拥有人类的一切潜能、感官、智力和情商,你还有已

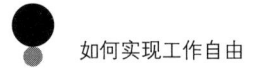
如何实现工作自由

养成的全部品质和能力。想象一下你在控制室的画面，那里五花八门的观察设备任你取用。你可以放大任意场景查看细节，你也可以推远视距纵览全局。你清楚还有很多其他人力资源可供你获得更多的信息、专业知识或帮助。在这张椅子上，你能看清所有状况，你能用一种超然的态度看待所有事件，包括效忠于你的军队、整艘战舰及其使命、你自己，以及你的承诺。

人称个人计算机之父之一的阿伦·凯也是我的好友，他是个了不起的反思者。他常对听众们说："换个角度看问题值 80 点智商。"思考空间就能帮你建立思考的不同视角，在这里，你能收获额外的智力增益。

想一想　为了思考而止住思考的动量，听起来似乎有些自相矛盾，但事实并非如此。思考方式发生了改变，一个是为了休息而停止思考，而另一个则是为了进行不同层次的思考而停止思考。

我发现以下这些问题可以帮助我集中思考的力量，并提醒自己流动能力的要素。当你创造出自己的思考空间后，下面这些问题会是很好的起点：

- 我（们）在努力达成什么目标？
- 目的是什么？
- 要遵循什么日程？这份日程**从何而来**？
- 有什么优先顺序吗？
- 是否需要改变？是方向上的改变？还是定义上的改变？
- 动作和方向是否一致？
- 可能出现什么后果？
- 关键变量是什么？
- 遗漏了什么？
- 我正在处理的问题是**真正的问题**吗？
- 我到底想要什么？
- 有什么危险？
- 我是在享受工作吗？我在流动时是否心满意足？

- 从其他关键人物的角度来看，是怎样一番景象？
- 我现在做了哪些假定？
- 哪些资源是我可以得到，而我却还没获得的？
- 我目前的主要态度是什么？

把这些问题张贴在你现实中的思考空间里，也是个不赖的主意。许多认识到"暂停"工具好处的管理者们，都在他们的办公室里贴上了一个红色的停止标志。这能提醒他们保持有意识且可流动。

捋思路 思绪通常不会条理清晰地出现。特别是在较长时间的"暂停"里，如果你对解决问题或战略规划有创造性的思考，那么在你准备好继续之前，你必须先将自己的思路捋顺。然而"捋思路"正是把你的想法都集中起来的好机会，这能让你的计划连贯起来，让你考虑优先事项，并为你提供一个行动顺序。你必须在思考空间里做好这些准备，才能再次拿起宝剑冲锋陷阵。

再行动 如果你想采取行动，就不要再待在山顶上了。等你的大脑再次打起精神恢复清明时，就是你离开思考空间下山的最好时机了。工作的目的和后续的步骤都清晰起来，你感觉和自己的联系更加紧密了，这时的你已经做好了继续工作的准备。等到清晰感退去，或是你又觉得疲累了，你就又该停下手中的工作了。

"暂停"的阻力

在使用"暂停"工具时，聪明人对来自自己或团队其他成员的阻力早有所料。最大的阻力来自表现的动量。如果你是个冲冲冲的工作狂，那你自然会抗拒"暂停"。当然，你越不想"暂停"，它可能就越重要。有时候，我觉得自我 1 有部分本质就是做个永不停歇的思考机器，它想要不断思考。然而，我们最好和最具创造性的想法往往会不期而至，通常会出现在我们头脑平静且相对放松的时候。正因如此，创意工作者的床边和浴室也都会放上笔记本。

我们会抗拒"暂停"还有一个更深刻的原因。"退一步"能让你意识更强。就像在黑暗的房间里打开灯，你一下子就能看到刚刚还看不到的东西。你自己的错误也会变得更加显眼，那些你始终不肯承认的阻力也清晰起来，无论那些阻力是来自你自己还是其他团队成员。尽管我们的自我1具有批判的本性，但它们却喜欢光线昏暗的环境，因为昏暗能将一些东西隐藏起来，它们就不必面对了。要承认自己更喜欢黑暗实属不易，可我们每隔一段时间都会置身于半梦半醒的昏暗光线中。

还有就是，"暂停"需要时间，而我们都知道我们的时间根本不够用。时间不是我们抗拒"暂停"的原因，但却是我们最常用的借口。用过"暂停"的人都明白，"暂停"只需几分钟，却可以节省几个小时。尽管如此，我们还是会在最需要它的时候抗拒它。要想知道什么时候使用它，什么时候不使用它，唯一的方法就是开始使用它。

何时使用"暂停"

曾经有一位副总裁告诉我，"暂停"工具对他产生了多大的影响，最后他说："唯一的问题是，我最需要使用'暂停'工具的时候，却总想不起来要使用它。"在下面这七种情况下，"暂停"工具能发挥最大的作用，让我们更有意识地工作。

在每个工作日开始和结束时"暂停" 大自然在每天的开始和结束时，为我们提供了天然的"暂停"时间，很多文化也都认可了午休的价值。我建议你给自己一个"退一步"的机会，一天当中至少思考三次什么重要，哪怕每次只用几分钟都好。

用"暂停"开启一天的工作，会让你整个白天都能更有意识地工作。睡觉是自然的"退一步"。从早起睁开眼到一天的活动开始前，你有一个难

第七章 学会"暂停"

得的机会去思考什么对你来说才是重要的。

倘若我没能在这段时间确定自己的优先事项,毫无疑问,我这一天就会被各种紧急事务所左右。我要在这段时间提醒自己,这是我的人生,我要承认自己的流动能力,并保持内心欲望指引的方向。这对我来说很重要,我必须先做好这些,再开始思考解决问题的方法,或思考"我今天要做的所有事情"。在清晨的这次"暂停"里,我还会做些笔记,以便我在之后的"暂停"时段做参考。"暂停"工具不仅适用于工作场所,其他场合也一样适用。散步时或喝咖啡时都可以使用。无论你选择在什么地方使用它,尽可能远离干扰。

在工作日的白天里"暂停"一两次做个检查,看一看你最初设定的优先事项做得怎么样了,这也是个能让你回归正轨的机会,在改变中做出改变,或是记起你的目的。

用"暂停"结束一天的工作,其价值不亚于每天清晨时分的"暂停"。首先,你要做一个明确的决定,什么时候结束今天的工作。如果你决定在工作场所结束,这是个明智的选择,那么在你离开时,就把工作的大门关上,这样你就不会把工作、负担、你的角色或是你的挫败感装进你的公文包或者你的脑海里带回家。这次"暂停"是为了让你彻底完结一天的工作,这样你才能充分享受自己的业余生活。如果你真要选择把工作带回家,那就先决定好要从几点忙到几点。把"暂停"——开始——"暂停"付诸实践。不要让工作霸占你的业余时光,因为如果你不"暂停"它,它就会占领你的人生。

将反思当日和"回顾简报"列为你的学习目标。哪些工作完成了?哪些工作出了错?哪些工作没问题?学到了什么?进行这一次的"暂停"需要一些勇气。开启一天工作的"暂停"只是在展望我们打算完成哪些工作,然而结束一天工作的"暂停"却是另一回事,我们会觉察到期望与现实的差距。善用这次"暂停",不要让自我1进入你的思考空间指手画脚。多练习非批判性觉察。一天结束时,回顾当天的"突出之处",可以让自我2发挥其魔力，选出那些重要的、可能需要关注的内容，这对提升第二天的工作质量非常有益。

关于这些日常"暂停"，还有最后一点需要注意：那就是要和团队其他成员、配偶或合作伙伴分享这些"暂停"的可取之处。这不仅能促进相互尊重与彼此合作，还能让每一位参与者重拾使命感，提高他们的流动能力。

在每个项目开始和结束时"暂停" 或许可以这么说，无论是团队还是个人都应该在每个项目开始时"暂停"，大项目也好，小项目也罢。但是，开始行动的动量会挤压项目设想、规划和调研的时间。在以绩效表现为导向的环境中，流动能力的那些步骤会被忽略，工作更容易进入无意识的默认模式。看重执行力没有错，但我们不能莽撞行事。如果我们不"暂停"，就会产生一些多余的行动，甚至会犯错，然后再耗费额外的时间和行动去纠正。有意识的工作旨在用最少的行动抵达我们想去的地方。

在项目开始时"暂停"是为了收集所需信息、考虑备选的解决方案和策略，并检查可用资源。这些活动通常会被认为"干的不是实事"。质疑项目的初始假定，或是质疑项目与目的是否一致，又或是质疑项目与正在进行的其他项目之间的关系，这些都是在"思考"，所以说这不算真正在工作。

耗时越长且越重要的项目，越是应该"退一步"，从而获得宽阔的视角。我们必须充分考虑备选方案和可能出现的后果，并将这些想法捋顺，整理出一份计划，而这份计划必须包括对计划进行进一步修改的方法。

在项目结束时"暂停"是为了让你给项目画上句号，庆祝所取得的成就，并反思该项目的经验教训，日后的项目或许能从中受益。运动团队已经养成了做这种回顾简报的习惯，队员们还会经常仔细观看个人和团队表现的录像，以便最大限度地学习。在大多数的职场环境中，当人们觉得项目耗费的时间比预期的要长时，他们就会感觉没时间或没心思听回顾简报。他们不会认为项目时间之所以拉长是因为他们没能充分吸取以往项目的经验教训。一次优秀的回顾简报能够为未来的项目节省大量的时间。最困难的地方在于如何面对推进项目进度的动量，我们要养成"暂停"的好习惯。

第七章 学会"暂停"

为有意识的改变而"暂停" 发生了意想不到的事情；局势中引入了新的要素；出现了未曾预见的机遇或问题；上级要求改变计划。为改变而"暂停"能创造出思考空间，让我们做出有意识的改变，而不是按照第一反应贸然行事。在表现动量的影响下，我们很难评估是否需要改变。为了改变而改变早已司空见惯。做个看着好的改变并不是什么难事，但它却有可能在不知不觉中对其他因素产生灾难性的影响。由于时间紧迫、对原计划的依赖、对最佳行动方案的不确定、压力和疲劳，我们很容易就会忽视"为改变而'暂停'"的必要性。而这些都会助长无意识的动量，而"暂停"能帮助我们克服它。

在对计划做微调时，或是做方向上的重大改变时，都可以使用为改变而做的"暂停"。有时候，这些改变并不是由外在环境的改变引起的，而是由改进过程或结果的创新想法引起的。

在为改变而"暂停"时，可以用下列问题集中思绪：

- 这是随性的改变，还是有目的的改变？
- 这次改变的驱动力是什么？
- 收益是否大于投入？
- 相关人员是否有能力并准备好做出改变？
- 是否考虑了其他备选方案？
- 这次的改变是否与方向一致？
- 这个改变会对谁或对什么造成影响？
- 需要哪些沟通？
- 沟通的最佳时间、地点和方式是什么？
- 在尝试改变之前，可以或应该学习什么？

"改变'暂停'"不仅可用于行动计划的改变，还可以用来检查工作中使用的假定或关键定义。知名企业家罗伯特·伍德拉夫曾在1923年至1949

年间担任可口可乐公司的总裁。他曾经希望改变销售过程中的客我关系。他希望销售人员减少销售导向，提高服务导向。为了进行这项改变，他设计了一次"改变'暂停'"，他的这一做法在日后广为流传。他把销售人员召集到一起，将他们统统解雇。然后，他宣布公司将于次日起招聘服务人员，欢迎所有人来应聘。伍德拉夫想要实现的不仅是一套新的销售策略，而是一种让销售人员审视自己及其角色的新方法。他是在重新定义销售。这是一次简单却又深刻的本质改变，因为这一次他改变的是情境，这自然会引起不计其数的行为和态度的改变。

"改变'暂停'"不仅给了我们考虑需要改变的机会，也给了我们放弃过时做事方式的机会。伍德拉夫知道，像所有优秀的管理者一样，做出改变最困难的事情，与其说是学习新的行为方式，不如说是摒弃旧的行为方式。大多数改变的失败可归因于对当前实践的默认模式（无意识的动量）缺乏认识。当你没有充分意识到自己正在如何做事时，你很难做出改变。网球和高尔夫内在游戏的一则重要启示是，一旦觉察出当前的行为或思维模式，你就能相对轻松地做出改变。

为处理错误而"暂停"　再优秀的人也会犯错，而出了错就要付出代价。然而，错误也可以是重要的学习经验。当然，我们最好能预见错误，并在可能的情况下避免错误，但我们最大的难题其实是出了错却没有发现。如果职场大环境对错误和犯错的人过于苛刻，那么大家可能就不愿正视错误，也不愿对错误做出回应。我在海军担任军官时，下级对上级隐瞒错误的事屡见不鲜。对他们来说，表现测评比舰船效率更重要，为了不被差评或不被"严厉责骂"，有时他们甚至会不顾安全问题。在公司里，我也发现了类似的情况，人们在忽略和掩饰错误方面也很有创意，而这些错误往往都与任务相关，还涉及人事关系。

创造一个非评判性的工作环境的价值在于，当错误发生时，它能被看到并得到妥善处理。当任务或团队的完整性受损时，可以采取"故障'暂停'"。

第七章 学会"暂停"

采取"故障'暂停'"时,可以用下列问题集中思绪:

- 什么样的承诺导致我们的行为、事件或结果被视为错误?比如,错误是汤姆没把特定的信息传递给玛莎,这导致玛莎对一位有价值的客户作了错误的陈述。汤姆的错误之所以被视为错误,那是因为团队承诺信息共享,且所有的团队成员都要对客户满意度负责。能够想起错误背后的承诺,会让这个错误成为每个相关人员重新认清承诺的机会。

- 谁要为这个错误承担责任?在评判性的工作文化中,自我1最喜欢的,同时也是代价最昂贵的"游戏"之一是"争功诿过游戏"。这个"游戏"的目标是尽量推诿过失、少担责任,全力争抢功劳、多受褒奖。这个"游戏"既费时又烧脑,参与者本可以用来增进流动能力的脑细胞却浪费在这里。不要再玩这样的"游戏"了,采取"故障'暂停'",让所有人都能好好想一想自己在错误中扮演了什么角色。这样做并不是为了将责任更准确地归咎到人,而是为了从错误中学习到正确和适当的教训。比如,汤姆会发现自己没能将信息告知玛莎,是因为他先去做其他事了,这背后的问题是优先事项的冲突。而玛莎会发现她本可以更主动地从汤姆那里得到所需的信息。

什么才是真正的错误?很多时候,一些错误压根就不是错误。真正的错误可能是表面问题背后的原因。"故障'暂停'"可以用来考虑引起错误的真正原因,这是绝佳的学习机会。例如,它会暴露出汤姆和玛莎超负荷的工作量,如果不休息,两人的工作都会毫无成效,而且容易犯更多错误。另一种情况是,一个相对较小的错误可能会暴露出一个即将发生的代价高昂的大错误。汤姆可能就要失去他正在洽谈的客户了,他利用与玛莎沟通不足来逃避这一现实。通过不掩盖"小"错误的方式,"故障'暂停'"可以避免潜在的致命错误。

为修正不良沟通而"暂停" 当沟通不足,或出现不良沟通时,我们应"暂停"沟通。我问过成千上万的人,他们在工作中面临的最大问题是什么。失败的沟通是我听到最多的回答。高层管理者抱怨中层管理者没听到他们说的话;拿时薪的员工说他们的上司没有听取他们的意见;中层管理者认为上级不听他们的意见,下级不听他们的话。当然,每个人都声称自己说得很清楚了,但却没人听清楚。

不良沟通会导致信任崩塌。"暂停"沟通让每个人都有机会从最初可能引发沟通错误的压力中"退一步",与不良沟通的后果保持一点情绪上的距离,制定一些基本规则来避免相互指责,并创造一个能直言不讳却又能有效聆听的环境。

在为修正不良沟通而"暂停"时,可以用下列问题集中思绪:

关于说话

- 我到底想说什么?要说给谁听?
- 我正在说的话是否与我的目的一致?
- 这属于哪类的沟通——报告、意见、建议、投诉、情绪表达、见解、反馈?
- 我说的话背后有什么假定或隐藏的信息?
- 我希望对方如何理解我说的话?

关于聆听

- 这些信息背后的信息是什么?
- 这些信息传达了怎样的情绪?
- 我聆听的目的是什么?
- 我要做什么样的回应?

为学习或教练而"暂停" 我们可以独自进行"学习'暂停'",也可以由教练来进行。为了学习或教练,在运动员运动过程中,教练可以叫

"暂停"，这是体育运动的一种公认做法，但在企业文化中却非常罕见。因此，人们往往缺乏有意识的技能练习，个人和团队能力的提升也不够有效。

如果我们能将"学习'暂停'"纳入正式流程，就能相对轻松地激活工作铁三角中学习的那一边。有时候，在开始一项活动之前，你需要花点时间问自己一个问题，这个问题会帮你更专注于学习。一旦养成了"暂停"的习惯，教练就能在一分钟内完成他的任务。他只需问一个问题，或是给出一个专注的关键变量即可。

很显然，有时候我们需要更长时间的学习"暂停"，拓展教练对话、场外研讨或训练。但正如我先前指出的，世界上最棒的研讨会就是你日常的工作日，而你要将自己当成学员，把每天的工作转化为有价值的经验。这并不是什么难事，你只需三次"暂停"——在任务或项目的开始、中途和结束各做一次回顾简报。下一章我们还会进一步探讨教练以及"学习'暂停'"。

为休息而"暂停" 为休息而"暂停"和其他"暂停"都不同，"休息'暂停'"时你只需停下工作再"退一步"，什么都不用想，也不需要整理思路。"休息'暂停'"的目的就是休息，让你的大脑和身体恢复活力。如果你一直伏案工作，那么站起来，伸展一下四肢活动活动是个不错的选择。休息时间不必太长。多做几次一分钟的休息会有神奇的效果；喝杯咖啡或是吃午餐的时间会更长一些，但频次却有限。这里说的"休息'暂停'"是要真正地休息。如果，你在"暂停"期间直接加入了一段与工作有关的谈话，那这次"暂停"就不能算数。因为你还是在工作，并没有休息。

以表现为导向的企业文化大大低估了"休息'暂停'"的价值。这样的休息看似与表现背道而驰。然而，"休息'暂停'"对流动能力和卓越表现至关重要。如果使用得当，"休息'暂停'"可以帮助人们更有效地利用时间。当然，没人"有时间"休息。当你觉得自己没有时间休息时，才更应该"休息'暂停'"。当大脑处于高强度压力且没有放松的机会时，我们最有可能出错。纠正这些错误所需的时间可能远远大于所有休息时间的总和。所以，重点在于你选择如何利用时间。"休息'暂停'"不仅能提升你的工作能力，还能提醒你——不应该让"压力"来决定你要如何利用时间。

无压工作　一些专家认为压力是工作场所中积极且必要的因素。而我实在无法认同这种观点。"压力"一词的传统定义是，施加在一个物体上并使其收缩或变形的力。压力会在我们的神经系统中引发巨大的变化，这被称为"战逃反应"。医学研究显示，在工作场所中不断触发战逃反应机制，会给包括免疫系统在内的所有系统造成负担。长期在高压状态下工作，不仅会使我们面临更大的身体健康风险，还会损害我们的心智能力。有充分的证据表明，大脑处于压力状态下时，人的记忆能力会下降，创造力也会下降，还会形成隧道视觉（或狭隘的觉察力）。这些并不利于我们承认自己的流动能力、实现外在目标，或找到令人满意的工作方式。很多人的个人经历也证明了这一点，即我们最有创意的想法是在休息时间和最不经意的时候出现的，比如洗澡或散步时。

我和两位内科医生在一个团队中工作，他们正在探索疾病和压力之间的关系。他们告诉我，有越来越多的证据表明二者的关系，许多患者都表现出职场压力对免疫系统的影响，这使人们更容易受到一些常见健康问题的影响。他们的研究表明，许多处于高压状态下的人并没有意识到这一点。焦虑和相应的肾上腺素激增，使人们更难意识到自己的身体正在发出的微妙信号。当我们反复选择忽略身体要我们休息的信号时，要不了多久，我们就会失去识别这些信号的能力。病人惊讶地发现，自己处在了精疲力竭的边缘，身体或精神功能即将崩溃。防止我们触及这种压力水平的方法有很多，包括我们在本章中讨论过的许多方法，我们要保持对自己的工作负责，清楚地掌握自己的身体状况、自己能承受的压力水平。还有就是，要多多休息，真正地放松。

在工作领域，我把压力定义为一种压迫或力量，它会威胁到工作者的平衡或内在稳定性。当吊桥任意一根主梁承受过大的压力或张力时，吊桥就可能失去弹性并断开。对我来说，流动能力意味着无压工作。我认为没必要去适应压力或设法控制压力。压力对我来说是一个信号，说明我在工

第七章 学会"暂停"

作中已经无法控制自己的行动方式了。此外,无论我的工作是否有时限要求,通常是有的,但没有压力时我能做得更好,也更清醒,工作也更令人愉快。根据我的经验,最有害的压力来自自我1。自我2不需要压力,只有在极少数情况下,它需要肾上腺素和其他激素来应对突发的紧急情况。那些把自我1放在驾驶座上的人,长期在紧急状态下工作,他们认为没有压力就完不成任何事。这种想法会将危机意识传递给团队成员,使压力水平再次升高。你可能无法控制周围人的压力水平,也无法阻止他们因压力而产生的行为,但你可以对自己做出承诺:我要保持头脑冷静、精神集中且意识清醒。这也正是"暂停"的根本目的。

运用"暂停"建立内在稳定性 当我们面对挑战时,流动能力是一种与战逃动量截然不同的反应模式。身体的本能目标是保持体内平衡与稳定。而稳定和平衡正是流动能力的必备条件。我相信"建立稳定性"是一个比"管理压力"更好的策略。稳定性越强,一个人在不失去平衡的情况下,能承受的压力就越大。运用"休息'暂停'"来建立内在稳定性,并加强自我2的恢复能力。我们逃不开外在需求。那么,给自我2提供稳定性所需的一切,就是确保你能承受压力而不失去平衡的最好方法。无论你现在是否感受到了压力,建立稳定性对你的流动能力都非常重要。

压力不是告诉你现在该"休息'暂停'"的唯一信号。还有一种信号就是你感觉"工作不再是一种乐趣"——当你觉得下个项目更像是负担而不是机遇时、当你觉得"不得不"胜过了"你想做"时。对人类来说,享受既是一种权利也是一种机遇。所谓有意识地工作就是指,我们在工作中享受快乐,同时获得满足感。至少从长远来看,这就是我们的底线。

有时候,你需要的是改变,而不是简单的休息。或许,你正在做的工作还不错,但物质条件或人文环境却不怎么样。可能会有人觉得,不愿在工作中咬牙承受一定痛苦的人,太以自我为中心。可我却不敢苟同。在"暂停"期间,我会反省自己为自己的痛苦做了多大"贡献"。这当然只是第一步。但是,归根结底,如果工作本身或工作环境需要改变,你就必须鼓起勇气做出改变。不少最为成功的人士都做过这样的抉择，他们最终都选择了更适合自己也更享受的工作。

别忘了，"暂停"的目的是前进，这个工具是为流动能力服务的。而流动能力则是为了有意识地流动，从而实现内在和外在目标。如果不使用"暂停"，我们很可能成为无意识动量和盲目从众的受害者。最后，我想说：请把你的"暂停"工具设计成用户友好型。如果你让自我1把它们作为"应该"强加给你，你将错失它们所能带来的好处。当你真正意识到"暂停"能给你带来的好处时，你将逐步建立自己的"暂停"习惯，但也别过度分析它们。

第八章
像 CEO 一样思考

每个人都可以像 CEO 经营公司一样经营自己，像 CEO 一样练习用战略思维思考：

▷ 盘点内在资产
▷ 梳理股份所有权
▷ 主持董事会会议

我有一个计算机软件,可以查看美国几乎每一条街道、公路和高速路的详细情况。将地图放大到最大,你可以查看某一街道上任何特定地址的位置所在。将地图调整至最小,你可以纵览整个美国的地图。从我家门口的这条街,到我所在小镇上所有街道的全景,到洛杉矶的地图,再到美国西部的地区,最后再到全美地图,只需"倒退"20步。然而,我也只能看到美国而已。

人类的大脑也同样有退后或聚焦的能力,你可以将观察视野拉后或推进,从最宽广的视角到最具细节的视角。有时候,你会想在一个不受特定空间或时间限制的地方,来一次"长时间的'暂停'",从而细细地审视你的整个人生。通过这样一个有利的视角,一切将尽收眼底,你可以好好反思更重大、更根本的问题。

从某种程度上说,更长的"暂停"是获得流动能力的必要条件。你可以澄清并重新确认核心价值观。更长的"暂停"为你提供了明确总体目标的时间,而这个总体目标会为你的所有其他目标指明方向并做出调整,从而帮助你实现最重要的目标。

第八章　像CEO一样思考

为后退一大步创造出适当的"思考空间"并非易事。我们常常受自己当前的心境和情感的框架所牵绊，以至于我们很难找到一种方法来摆脱这些框架并看到其他的可能性。有时候，遭遇一场危机才会让我们意识到生命的意义，比如被解雇、熟人的离世，或是罹患某种危及生命的疾病。许多经历过这类危机的人最终都非常重视由此而获得的对生活的新思维和新视角。

若要彻底地重新评估你的价值观、承诺和观点，除了守株待兔般傻等着这类危机的洗礼外，你还可以做一次长时间的"暂停"。大多数的危机是可以臆想出来的，这样做可以帮助你进入一处有益的思考空间。"没错，我也有可能被炒鱿鱼。"未雨绸缪也应该算是种优势。你会怎么做？你想要什么样的工作环境？在做出你将要面对的决定时，什么对你来说是重要的？即使你并没有真的被裁员，但你对这些问题的回答一样对你很有价值。

或者，若你不忌讳，可以更胆大些，想象一下医生告诉你，你的病情会大大缩短你的寿命，你工作不了几年了。那么，你对工作的想法会有什么改变呢？

设想这些令人沮丧的情景，并不是为了让你做应急预案，而是为了让你认清环境的易变和有限时间的宝贵。当我们陷入日复一日的例行生活时，大多数人都认不清这一点。

谁才是公司里最重要的人？

我的那位高管友人有另一套激发战略思维的方法。在我和他的一次网球场谈话中，他问了我一个简单的问题："你认为谁才是公司里最重要的人？"我刚想回答说"CEO（首席执行官）"。他接着说道："我认为每个人都是最重要的。"

我很熟悉这一理论：一条锁链的强度取决于它最薄弱的一环。我曾深以为然。我能想象出那样的场景：无论什么人，一旦做了真正愚蠢的事，

如何实现工作自由

都会毁掉整间公司。尽管如此，我还是会觉得 CEO 的建议比看门大爷的建议更重要。

然而后来我才意识到，EF 问的并不是谁对公司最重要，他问的是谁最重要。我所处的文化宣扬"人生而平等"，我深受其影响，不过我觉得并非所有人都同等重要。EF 接着问，公司里有没有什么人比公司本身还重要？渐渐地，我意识到，他并不是在比较个体或群体的相对重要性，而是在对比人的内在价值和被称为公司的人造实体的内在价值。我发现自己轻易地就把公司看得比它的员工更重要。一间公司并不比其任何一名员工重要，因为构成这间公司的不是员工，而是员工之间的协议。如果 IBM 明天解散，所有的员工和股东并不会死掉。从某种角度来看，任何一家大公司都是庞然大物，它很重要，且饱经岁月洗礼。它有传统、有技术、有财富。但是换个角度来看，所有这些就和一个人的存在一样重要吗？对 EF 来说，答案显而易见。

你是一家了不起的公司的 CEO EF 说，在他看来，每个活生生的人都和 CEO 一样，有着无可替代的价值。因此，每个人都有非常重要的决定要做。他所说的公司指的就是人类本身。然后他问我："你的公司决定生产什么产品呢？"我未曾从这个角度认真思考过这个问题，所以我决定"暂停"得更久一些。

我们都中过彩票 我开始盘点我的"公司资源"，当我看清所有与人有关的资源时，我才意识到我这家公司并不是微不足道的。我还感受到了责任感和自主性的提升。作为这个不可思议的"公司"的 CEO，我不必向任何人汇报。我发现这项练习给了我一个十分珍贵的视角，它让我看清了自己的终极流动能力，基于此，很快我就设计出一个高管研讨会的模板。现在，我诚邀你来了解一下这一模板的基本要素。就从一个简单的问题开始吧："你为谁工作？"这个问题与情境无关。

从"我的老板""我的公司""我们总裁"到"我的妻子""我的孩子""我的狗子"，参与者的答案五花八门。而有一些企业高管会给出另一种答案："我为自己工作。"

第八章 像CEO一样思考

此时，我会告诉大家我的目标——在本次研讨会结束时，我希望每个人都能成为自己的雇主。一些人会扬起眉毛，表示震惊。我澄清道，这并不像简单地辞去公司的工作那么简单。我让参与者都往后退一大步，充分发挥他们的想象力。

想象有一天，你中了彩票。但这彩票的奖励不是金钱，而是一家公司。你拿到手的是公司的名称、地址、总部办公室的钥匙，以及一份官方文书——保证你是公司的所有人兼CEO。你去到那个地址，那是一栋令人印象深刻的大楼，外面写着公司的名称。你找到了CEO办公室，坐在你的专属座椅上。不过，你除了知道自己是CEO，要对未来的所有决策负全责之外，可以说对这家公司一无所知。那么现在，你要怎么做？

所有人的做法都大同小异。他们知道首要任务就是全面了解公司状况。尽管众人的关注点和优先次序不尽相同，但大多数人都认为要了解公司的产品或服务、市场、人力资源和硬件设施、盈利，以及金融资产等。

然后，他们又列出了公司的主要战略、使命宣言、价值取向、政策、组织结构和软件。我提醒在座的众人，现在他们都是CEO，可以做任意改变。"无论是人，还是政策、战略、价值取向、使命宣言，甚至产品，只要不符合你的喜好，你都可以做出改变。你可以解散整间公司，也可以扩大规模，或者保持现状。"

接下来，我会问："'公司'一词的根本含义是什么？"通常都会有人回答，它来自拉丁文单词corpus，意思是"身体"。"再想想看，你在彩票中赢的公司不是一家企业，而是一副人类的躯体。听到这个消息，你非常高兴，因为你发现自己已经'合并'到了劳斯莱斯级的躯体中。毕竟，你也有可能得到蚱蜢、犀牛、蓝知更鸟或蚂蚁的躯体。不过，最终你还是进入了最高序列，而且你还是公司的所有人兼CEO。那么现在，你又要怎么做？"

盘点内在资产 人类与生俱来的资源都有什么？我让研讨会的参与者列出他们从公司继承到的最宝贵的"内在资产"。通常，他们列出的第一样

如何实现工作自由

"资产"都是生理层面的,包括感官、躯干部件,以及大脑。这些是"昂贵"的设备吗?它们的重置价值是多少?它们在研发方面花了多长时间才达到了当前的进化层次?我提醒他们,在考虑自家公司资产时,不要拿它和其他公司进行比较。

人类有哪些与生俱来的能力?有语言、推理、直觉、创造和想象的能力。这都是非常昂贵的资产!因为长期研发,所以它们都相当先进。还有哪些品质和特性属于人类潜能呢?这就需要你多些魄力,不去听自我1说:"我可没有这种或那种品质。"但事实是,如果你能在其他人身上看到它,那么等你发展到某个阶段,你也能拥有它。

以下是研讨会的参与者们列出的人体公司的内在硬件资产。其中哪些是你的公司也具备的?你还有什么补充吗?

情绪

良知

赏识

好奇

欢愉

幸福

感恩

和平

爱情

美感

满足

实现

陶醉

和谐

宁静

第八章　像CEO一样思考

意义

目的

选择

信任

意识

尊重

幽默

现在，问问自己下面这些问题：

- 你对这里的每一项资源有多大的权限？
- 你想要多大的使用权限？
- 你已经具备了哪些资源，又忽略了哪些资源？
- 谁来决定该如何使用它们？
- 你是否为自己的公司制定了明确的使命宣言？
- 你是否有明确的政策、价值取向、优先事项？
- 如果有，那又是谁确定的？
- 你最后一次审查是什么时候？
- 公司的经营决策是如何产生的？
- 你觉得是否需要在使命、价值取向、政策、优先事项方面做出一些改变？

任何一家公司的CEO都会问类似的问题，并将之看作大事去做。但我们会为自己做同样的事吗？如果没有，那又是为什么呢？法律实体难道就比个人更重要？还是说，如果我们真是自己公司的CEO，我们对这间人体公司的自主性和责任感的感受并不尽相同？

你持有自家公司的多少股份？ 在公司里，重大决策是由大股东们做出的。你的公司的股份是怎么分配的？你有没有把一些股份卖给其他人，而他们如今对你的决定有了表决权？你已经成为你自家公司的小股东了吗？

花点时间，写下你对这些问题的回答。股份就是在你做人生决定时的投票表决权。出售股份意味着，你必须得到别人的许可，才能做出决定。即使你已经与其他 CEO 一起工作，又甚至你已经在为别人工作了，这都不代表你已经卖出了股份。是否售出了股份，要看你的个人自主权是否受到了损害。

在我的研讨会上，一些高级别的企业高管表示，他们只控制了公司 10% 的股份。另一些人却表示自己的控股率高达 100%。而平均值大概略高于 50%。多数情况下，我觉得最诚实、最有洞察力的高管都意识到了，他们卖出的股份比他们想象中的还要多。

你把股份卖给了谁？为什么？ 答案不尽相同。有人说："我为了被认可或被接受而出让了股份。"还有人说："为了避免冲突或惩罚。"还有许多其他的答案，包括"爱情""金钱""保护""确定性""权力""成功""控制""归属""性""友谊"。曾有个人说："我卖掉了自家公司的股份，又买进了其他公司的股份。我觉得我们是在交换股份！"研讨会上很多人都笑着点了点头。

你能赎回股份吗？ 我规定了一些基本原则，可能这与公司的股份法规略有不同。就人类公司而言，只要原 CEO 兼所有人还剩下至少一股的剩余股份，那么他就有权回购任何或全部原始股份。这是你与生俱来的特权，同样，你也有权出售股份。那么，赎回股份要付出什么代价？你必须按照你卖出它们时的相同价格赎回。如果你出售股份是为了获得许可，那么你赎回股份时，就要冒着撤销许可的风险。如果你为了友谊而出售股份，那么你可能就要冒着失去"朋友"的风险去赎回股份。

你想要赎回你的股份吗？ 你想赎回多少流通股？如果你只剩少量股份，你对此有何看法？有些人感觉这样还不错，因为这让他们觉得，自己不必为自己的生活状况承担什么责任。坦白地说，我认识到自己也有这样的逻辑问题，承认这一点需要一些勇气。对其他人来说，这并不需要勇气；他们只是单纯地不想负责。

谁是你的董事会成员？ 然而，大多数人还是想要赎回他们的股份的。我建议这些人在下一次的董事会会议上就动手。谁是董事会成员？想一想，你是否把自己的生活整理成了多个部门，每个部门都有自己的主管。你可能有一位财务主管、一位公共关系主管、一位家庭事务主管、一位职业发展主管、一位娱乐主管、一位宗教主管、一位价值取向主管、一位社区服务的主管。你的父母也在董事会里吗？还有你的老板？你的配偶或伴侣？这些董事会成员的意见可能会有分歧，有些人对外部股东比对你更忠诚。作为CEO，你的工作就是尽可能使你的工作和公司愿景保持一致，并使这些部门尽可能协调一致。

主持董事会会议 研讨会的参与者将有一小时的时间，主持一次虚构的董事会会议。CEO要全权决定议程上要有哪些事项。

议程主题可能会包括：

- 流通股？可能决定赎回。
- 产品线。现在是什么？有什么变化吗？
- 主要使命宣言。起源？需要澄清吗？
- 人生的优先事项。
- 流动能力评估。
- 是否需要重新定义？自我？工作？关系？
- 有没有漏掉什么重要问题？
- 定期的董事会会议？下一次会议的时间和议程。

在一些研讨会上，我将董事会会议前的流通股比例与一周后的比例进行了比较，结果显示CEO的持股率有了显著提高。经常会出现持股率从低于50%提升到70%的情况。尽管如此，还是有个别参与者在活动开始时声称自己拥有80%以上的股份，但经过仔细审查后发现，他们的持股率远

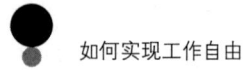
如何实现工作自由

没有那么高。

我见过一些高管，他们最大的难题就是从家族成员手中赎回股份。还有一些人觉得，他们已故的父母持有许多流通股。另一些人把股份卖给了组织、事业或机构。回购股份并非易事。但是，减少内在矛盾、增强流动能力，可以令我们得到很多好处。一些人告诉我，当他们什么都不用"做"的时候，他们不记得曾花一个小时独处过。他们一直忙于照顾各个股东。董事会会议是一次宝贵的经验，他们可以趁此机会考虑清楚，什么对他们来说最重要。

曾经，有一位来自加州的女性主管和我分享了把这项练习牢记在心的结果。在一个小时的董事会会议上，她得出了一个结论：有太多人都认为他们拥有她的公司股份。有的是家庭成员，有的是同事。她意识到自己有一些重要的赎回工作要做，于是周末时，她花了大部分时间来确定她到底把股份卖给了谁，又为什么出售，以及她将如何向每一位股东传达他们不再拥有投票权的信息。她明白发表意见的权利和投票权之间有着重要的区别。她也知道，自己的新立场可能会让前股东们深感意外。特别是家庭成员，她知道刚开始他们会抵抗，并会不断考验她的新政策。几个星期后，我又和她谈了谈，我问她一切进展如何。她告诉我，这对她和她的前股东都是一次巨大的冲击，但结果无疑是积极的。"结果就是，我的老公和我的儿女，甚至是公司里的一位领导，都对我更加尊重了。"她说，"可笑的是，我之所以出售这些股份，主要就是想赢得他们的认可。在我看来，我若想收回'投票权'，就要冒着失去他们认可的风险。然而现在，我不仅赎回了我的股份，而且他们比以前更加尊重我了。除此之外，我在做决策时，困扰少了许多。我只需对自己负责。当然，我也会考虑到其他人。知道自己这样做是为了公司的最大利益，我反而能做得更好了。毕竟，我曾说过这家公司的主打产品就是爱！"她的声音听起来无比地自由，负担也减轻了，她对自己的生活更有热情了。

第八章 像CEO一样思考

小结：像 CEO 一样思考

CEO 练习表	若把一个人的躯体比作一间公司，而你正是这家公司的 CE0，你的公司有着惊人的内在资源。按照这样的设定，你是该公司的使命、产品或服务、政策、价值取向和优先事项的唯一决策者。下面列出了几个你需要考虑的问题。你上一次检查这些因素是什么时候的事？你还控制着这家公司的全部股份吗？如果没有，需要什么才能将它们赎回？下一次的董事会会议议程是什么？

你的**宗旨**是什么？ _____
_____

你们的**主打产品**是什么？ _____
你的**政策和价值取向**是什么？ _____
_____

你的**优先事项**是什么？ _____
_____
_____

列出公司的**内在资源**：_____

所有权
其他人所持股份的百分比_____%

为什么出售股份？	持股人	% 持有率

日期_____下次**董事会会议**的议题：

所有的"暂停"都是为了促进有意识的思考和行动。它们提醒我们，我们是自己公司的CEO，并鼓励我们从主管的角度思考问题。"暂停"能让我们重新获得遗失了的流动能力。如果一个人能真正认识到自己是CEO，那么就更容易用平等的眼光看待他人，并给予其他主权实体应有的尊重。要警惕那些想平白获得或只付极少代价就获得你公司股份的人。自由的人会因共同利益与人达成协议；他们不会出卖自己。自由的人不需要批评或掌控他人的主权实体。他们只需要保护和维护自己与生俱来的自由和流动能力就好。

工作的内在游戏的起点和第一个基础就是"学会学习"，第二个基础是"为自己着想"。有学习和成长能力，却没有独立思考能力，是有问题的价值取向。总之，这两大基础能支撑流动能力去实现自己的目标，同时也能清楚这些目标确实是自己想要的。

第九章
教练指导

教练是一门通过对话和存在的方式创造环境的艺术，它能引导一个人以一种实现自我的方式，朝着期望的目标不断前进。

▷ 解决问题工具：承担责任
▷ 沟通辅助工具：换位思考
▷ 提升流动能力工具：觉察对话、选择对话、信任对话

教练是一门艺术,其大部分经验必须要从实践中习得。在内在游戏的理论方法中,教练这一行为被定义为流动能力的引导力。教练是一门通过对话和存在的方式创造环境的艺术,它能引导一个人以一种实现自我的方式,朝着期望的目标不断前进。它需要的一个核心要素是无法传授的:不仅要关心外在结果,还要关心被教导的人。

内在游戏是在教练的大背景下诞生的,不过它只与学习有关。这两者密切相关。教练能促进学习。教练的角色和实践最早是在体育界确立的,如今已被证实对个人和团队取得最佳表现也是同样不可或缺的。自然,那些欣赏运动员个人和团队高水平表现的管理者们,也想要效仿那些教练的做法。

教练不是解决问题的人。做体育教练时,我必须学会如何少教,这样学员才能学到更多。企业教练也当如此。

第九章 教练指导

这是谁的问题?

在我为管理者举办的教练研讨会上,开场练习之一就涉及了这个问题。我将参会者每三人分成一组,一个管理者扮演"教练",一个扮演"客户",剩下的那个人要观察他们之间的对话。我要求"客户"好好思考,他希望"教练"指导他什么问题、技能或目标。我并没对"教练"做任何指示。而我给了"观察者"一个特定变量,以便他观察、报告。

在对话的前几分钟里,被指导的人——"客户"——会非常活跃,努力向教练介绍他遇到的问题的相关信息。而"教练"则处于聆听模式。然后,当对话进行到一定阶段,两个人的身体姿势会突然发生变化。"客户"的身体会往后靠,似乎是把问题都抛了出去,就无事一身轻了。而这时"教练"就会开始说话了,他会绞尽脑汁找解决问题的办法。通常情况下,"客户"会由着"教练"做这项工作,只是偶尔发表一点感叹,目的是说明为什么"教练"所提出的解决方案行不通。

而那第三个人只是在按照要求,观察"问题的所有权"是否从一个人转移到另一个人,如果是,又是在什么时候转移的。几乎所有"观察者"的反馈都证实了,几分钟后,"客户"成功地将问题抛给了"教练",而"教练"接受了解决问题的大部分责任。

我们大多数人在很小的时候就学会了这种解决问题的方式。或许是我们的父母太渴望成为"好父母"了,所以他们才替我们解决了一些问题,而我们本应亲自解决那些问题,从而斩获技能和信心。我们开始期待着教练或家长的帮助。这些帮助可能会帮我们解决问题,却没能让我们培养出应对未来类似问题的技能或自信。我们转而也通过解决孩子或客户的问题,来证明自己是合格的家长或教练。

我就在女儿斯蒂芬妮身上领教了两次这个教训。第一次是在她读初二时,她让我帮她解一道代数题。她张口就来了句:"我不会做这种题。"说着她顺手就把书扔到了餐厅的桌子上。

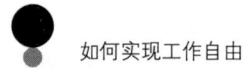 如何实现工作自由

"你哪里不懂?"我问。

"我哪儿都不懂。"她答道。她摆明了就是想让我替她做那道题。

那是一道应用题,需要计算一艘船在一定时间内能行驶多远的距离。我压制着自己想做那道代数题的冲动,我体内的教练采取了另一种方法。

"你肯定对这种题有一定了解,不然你怎么知道自己不会做?"

"嗯,这是一道关于速度的题,我们学过的。可是,老师讲这种题时,我没听懂。我知道应该用某个公式,但我不记得具体是什么了。"

"你一点都记不起来了吗?"

"嗯,我只记得一点点。"

"一点点是多少?"

"呃,真的只有一点点。我只记得三个字母。好像有个字母 d 代表距离,还有什么代表船的速度,然后字母 t 代表时间,但我不知道它们在等式中的正确顺序。"

她已经开始沾沾自喜起来,语气中都透着几分得意。不过,她确实不记得顺序了,也不明白怎么弄明白。她越来越不耐烦。这种题我还是会的,我也很想帮她,但我却迟迟不说。

"你还知道一件事,"我说,"你知道我可能知道这道题该怎么做。我可以告诉你,但我有一个条件。假如,我不在这儿呢?那你又该怎么办?如果你能再告诉我三个可以找到解题方法的地方,我就告诉你这道题该怎么做。"我知道这对她而言有些头疼,她甚至觉得我很小心眼。

"嗯,我随时都能打电话给苏珊或泰迪。他们都很有头脑。这就有两个了,还差最后一个。我觉得我可以试着读一下书中的第七章。我知道公式就在那一章的某个地方。好了,三个答案都给你了!"

几件事都完成了。斯蒂芬妮终于解决了她的问题。在这个过程中,她意识到自己知道的比自己以为的要多得多,她认为自己有能力找出自己不懂的部分。或许,这比我直接替她解题花费的时间还要多,可我却省下了许多日后替她做代数题的时间。从那以后,她向我寻求帮助时都会说:"好

第九章 教练指导

吧,这些是我知道的,这些是我不知道的,而我可以从这里找到答案。不过既然您在这里,我还是想请您帮我。"我通常都会很高兴地接受这样的邀请。

尽管这一课非常简单,但却不是双方实践一次就能学会的。十年后,斯蒂芬妮找到了第一份工作,她离开了家,却遇到了麻烦。她在凤凰城,白天进行房地产备考培训,晚上在一家餐馆当服务员。她哭着给家里打电话,说她想要辞职,因为她应付不了工作中的种种要求。她甚至开始怀疑,自己能否顺利通过考试。

理所当然,我的脑海里拉响了警报。我不希望她辞掉工作,当个无业游民。我摆出了父母的姿态,而不是教练的姿态。我听着她描述她的问题,按她所说,这问题似乎无法解决。她详细说了她遇到的五大难题,包括收银机和加法机的使用,以及如何分辨同样加了奶油涂层的柠檬派和奶油派。这些麻烦经常同时出现,她完全不知所措。

"我可是专业人士,应该能处理好这个问题。"我心想,随即各种可能的解决方案就出现在我的脑海里。我提出了一个个巧妙的建议,但她却总有理由反驳,告诉我那行不通。看到我积极地为她想办法,她似乎也铁了心不亲自想办法。我们之间的争辩持续了一段时间,谁都不肯让步,直到最后我们都累了,也到了该睡觉的时候。

电话挂断时,我非常气馁。无论作为父亲还是教练,我都没能帮到她。我根本就无法入睡,一连几个小时思来想去,我是不是应该换种方法。就在我快要放弃的时候,一个简单明了的想法突然出现在我的脑海里,它就像一盏明灯。"这不是我的问题。这是她的问题。"我能听到自我1在埋怨我的残忍:"不管怎么说,她都是你的女儿,你就应该帮助她。"不过,我还是停止了思考,放松了下来,最后终于睡着了。

第二天早上醒来时,我的思维更像是个教练。我知道女儿能解决自己的问题,她只需要知道我相信她(要用我的行动告诉她)。我打电话给她,让她先评估一下她在那五个麻烦上的技能等级,用1~10打分,7分表示她的上司能满意。她给自己的收银机使用能力打了3分,加法机使用能力打了4分,分辨派的能力打了5分,其余两项都是7分。

"你能想象一下,要把加法机使用能力从4分提升到7分或更高分,你需要做什么吗?"

"嗯,餐厅里有一台备用机器。如果能让我把它带回家……如果我能请其他服务员来教教我……我想也许再过一个星期,我就能提升到7分。"

她以相似的方式讲完了其他几项技能。除了"那派的事儿怎么办?""要花多长时间?""你觉得这行得通吗?"几句话外,我几乎没说别的什么话。事实上,在整个谈话过程中,我说得都很少,这样她也知道所有的工作都是她做的。挂电话时,她甚至都没说"谢谢"。这对我来说是个可喜的信号,说明我们的这次教练指导很成功。直到几周后,她打电话告诉我,说她顺利通过了考试,正打算辞掉餐馆的工作,去一家房地产公司工作。

这个例子看似简单,并没有用到任何复杂的教练指导,但它恰恰说明了一点:当一个人认识到问题是自己的,并且觉得自己能够找到解决方案时,一切就会变得不一样。有时候,陷在困境中找不到出路与找到自己的流动能力之间只有一念之隔,就像转变视角一样简单。正如艾伦·凯所说,转变视角至少值80个智商点。如果教练能够帮助学员转变视角,那么很多事情自然而然就能解决。

教练指导能帮助客户找到他的流动能力,能让他朝着期望的目标迈进。而教练既不需要亲自解决问题,也不需要直接开处方。教练指导也不是咨询,不会给予专业建议。在体育赛事中,教练可不会和运动员一起上阵。足球赛里,他们不能掷界外球,只能在边线处完成他们的工作。教练指导的结果就是团队能够发挥出最大的潜力。教练的指导就是为了让团队取得成功,并有信心在未来也能取得成功。

教练——"窃听"他人的思维过程　你一旦意识到,解决问题不是教练的职责时,通常会出现这样的疑问:"好吧,我的职责到底是什么?难道就是聆听吗?"没错,在很大程度上,教练的主要工作就是好好聆听,但

第九章　教练指导

这还不够。职场上，最能干的教练为客户端着一面镜子，这样，客户就能看清自己的思考过程。身为一名教练，我不仅要聆听客户都说了些什么，更要听懂客户的思考方式，这包括他们注意力的焦点在哪，以及他们是如何定义关键要素的。例如，"你认为这项行动或决定会产生什么后果？"这个问题就与内容无关，但能使人的思维方式发生重大变化。

通常，当我在做教练指导时，我会在一开始就让客户知道，我的职责不是为他们提供建议或咨询，因此我不需要知道他们的问题的详细背景信息。我只会要求客户"大声"思考他的问题，以便我"偷听"他的思考过程。我会问一些问题或谈谈我的看法，好帮助客户认清或推进思考的进程。这种方式能减轻客户向教练介绍完整情况的负担，更重要的是，解决问题的责任不会落在教练身上。客户只是开始自言自语，而教练的工作是帮助客户获得流动能力，并朝着他期待的结果迈进。一旦客户和教练之间达成了这种共识，流动能力对话只需少量时间就能完成，然而在传统的教练模式中，教练是问题的解决者，流动能力对话要花数倍的时间。

换位思考：教练的基础法宝

在为企业管理者举办的教练研讨会上，我通常都会用 EF 介绍给我的另一款工具开场。这是一款沟通辅助工具，它十分简单却又意义深刻。这款工具有一个前提：在任何沟通交流中，人们听到的内容比说话人说出的内容更重要，而且这两者之间通常有很大的区别。如果说话人能更好地预测听众接收信息的方式，他就更有可能传达出他想传达的信息。

我会用下面这个练习，向参会者们介绍"换位思考"这一工具：

"挑选一个对象，一个能在你的教练指导中受益的人。这人可以是你的属下，也可以是你的亲友。

"想象一下，这人刚刚得知你要对他进行教练指导，他想知道接下来会发生什么。

"换位思考,如果你是他,你会问自己:'我在想什么?我感觉怎样?我想要什么?'"

大多数管理者得出的结论是,他们假想的"学员"会有类似这样的想法:"我在想:'我是不是犯了什么错……出了什么问题……'我感觉……焦虑、防备、愤怒、尴尬。我想要……尽可能缩短这次指导的用时,并在离开时尽量保住我的自尊。"

接着,我会问:"那么,当这个人开始思考这次教练指导的主题是哪些错误或缺点时,他接下来会思考什么?"

大家在这个问题上意见比较统一。接下来就是找借口、提供不在场证明,或是推卸责任。

换位思考练习暴露出两点信息。首先,如果关于教练的主流文化对话与你做错事有关,那么客户的内在对话就会充满对评判的恐惧,并生出防备之心,流动能力自然很难发展。除非教练天赋异禀,否则根本无法打通这样的内在对话。其次,换位思考行得通。众所周知,在"教练"一词在商业环境中被用烂之前,重新定义它或许是个好主意。大多数运动员都会主动寻求教练指导,而大多数商界人士则试图回避。你可以通过自己的例子向别人展示,"教练"一词在你这里有着不同的意义。

换位思考的能力应该算是教练最基本的技能。并不是说你必须认同对方的观点,但你要尽量了解对方的想法和感受。正如那句格言所说:"不要轻易评判一个人,除非你经历过他的人生。"

内在游戏就是我站在网球学员的立场上思考时形成的理论,那时我还不知道有"换位思考"这样一款工具。我当时问的关键问题是:"球来了,球员在想什么?"当我试着想象这一画面时,我意识到有很多想法和感觉阻碍了我,让我无法清楚地看到球并把球打好。那情景大概是这样的:

"我在想:'啊哦,这球恐怕不好接……我得赶快就位……得早点向后引拍……我要打个斜线球……我要打个高吊球……要确保我能压重心去击球……这风可真大……上一次这样的球我就没接到,教练说我应该早点接

球……如果我能打出一个制胜球,这场比赛我就赢了……哇哦,这球上旋的幅度比我想象的要大啊……我还是退后一点吧……'

"我感觉……不确定与不安……我怀疑自己是否真的能成功,是否能记住我要做的一切……我希望我能行,但又怕自己不行……我害怕输掉比赛……我决心把一切都做'对'。

"我希望……能尽我所能……向着胜利……打一个好球……击败我的对手……做正确的事……能向别人和我自己证明自己……不要出丑……要赢得漂亮……成为日后可以津津乐道的好故事……能有上次打出制胜球时的感觉……别犯上次的错误……能取悦教练。"

我也意识到,当球接近时,我给这位学员下达的指令和对他的批评,为他耳边已经响起的自我怀疑和自我批评加了把火。我根本没为他创造一个有利的环境,他又如何能有最佳表现。

在我观察着学员的行为和击球方式的同时,我设身处地去了解学员的内在对话,我意识到自己必须改变教练方式。结果是,我学会了不加评判地教练指导,而且其间我不必做什么实质性的技术指导。事实证明,我的"换位思考"有助于我与学员的沟通交流,这不仅体现在学习的速度上,更体现在学习过程的轻松和享受上。

运用"换位思考"工具,能让教练对学员的三个基本层面有更丰富的了解:思考、感受和意志。然而,有一点非常重要,务必牢记,你并不清楚学员的真实想法和感受,你只是在根据经验做推测。所以,你要保持开放的态度,认真消化学员的反馈和新的信息,并愿意调整自己对他人的看法。"换位思考"的目的不只是为了获得洞察力,更是为了在沟通中更有成效。我发现它帮我预测学员可能会对我传达的信息有何误解,从而使我的表达更容易被学员正确理解。

换位思考在大多数关系中都有效,而且好处是双向的:

家长 ⇌ 子女

妻子 ⇌ 丈夫
老师 ⇌ 学生
销售人员 ⇌ 客户
经理 ⇌ 主管
主管 ⇌ 下属
团队成员 ⇌ 团队成员
对手 ⇌ 对手
竞争对手 ⇌ 竞争对手
朋友 ⇌ 朋友
医生 ⇌ 病患
谈判者 ⇌ 谈判者
讲师 ⇌ 听众
作家 ⇌ 读者

用换位思考揭示潜在的问题　可口可乐某分公司的营销团队设计了一套新的营销策略，他们还向全国的客户经理团队演示了这套策略。该策略对公司全线产品和服务的销售做了重大改变。像往常一样，他们投入了大量的金钱、时间和精力，做了一次非常鼓舞士气的演讲。新的计划并未遇到什么阻力就被客户经理"认可"了，因此该计划被视为一次巨大的成功。

然而，三个月后，在查看新计划的实施成果时，他们震惊地发现，除了少数人外，客户经理们并没有遵守计划。他们对此给出了各种各样的理由，并暗示将来的某个时刻他们会实施新的战略计划。然而，每一位客户经理都告诉营销团队，这一战略是合理的，他们能够理解其逻辑。营销团队感到十分沮丧。他们本以为能以新计划的顺利实施向上司邀功，然而事与愿违。

我被请去做教练指导。他们只用了几句话就描述出了他们的处境。"客户经理们本已完全接受了这个计划，现在却没能付诸行动，我们真的不知道这是为什么。当我们询问时,他们表示相信这项计划,并将很快付诸行动。除了'强制执行计划',我们不知道该怎么办了,这会让我们在金钱、时间和情感上都蒙受巨大的损失。"

他们可能是想从我这里得到解决办法,但我没有啊。我问了这个营销团队一个问题:"你们有没有换位思考过?站在客户经理的立场上。"他们知道"换位思考"工具,但从没用过。他们第一次用起了这个工具,每个人都单独做了笔记,然后再与团队分享。在第一层,关于"我在想什么?"这个问题,他们看法一致,他们都相信客户经理们已经接受了该计划的策略。他们看着我,似乎是在询问他们有没有进展。

接着他们来到第二层,关于"我感觉怎样?"这个问题,大家再一次达成共识,但这一次还伴随着一声"啊哈!"。客户经理的反应大概是这样的:"我害怕尝试新的事物……我担心这会威胁到我多年来建立的所有旧关系和忠诚度……我恐怕这么做会完成不了我的业绩指标。"营销经理们真的非常震惊,他们怎么就没看到这一点呢?我鼓励他们继续,多关注客户经理对营销团队的感受。答案是一致的:"我们害怕告诉他们我们害怕。"

当我让他们考虑换位思考的最后一个问题"我想要什么?"时,回答又是大同小异:"我们想要沿用旧的做事方式,同时让营销人员认为我们同意了他们的计划,我们也正在为实施计划做准备。"

"好了,现在你们怎么看这个问题呢?"我问。

他们是这样回答的:"目前,我们有两个问题。第一个问题是,如何帮助客户经理增强信心,让他们相信自己能够成功落实新的计划。第二个问题是,如何改变当前的环境,使客户经理足够有安全感,愿意告诉我们他们的真实感受。"他们一致认为第二个问题更棘手,但从长远来看却更为重要,可以为他们今后避免许多错误和精力的浪费。

大约五分钟的时间,他们就自己解决了第一个问题。实际上,一旦他们识别出问题,就不难解决。不得不说,在这样的文化情境中,从没有谁肯承认自己的无能感,而他们能识别出第二个问题,就已经是一个巨大的进步了。整个会议用了不到半小时的时间，结果却朝着截然不同的方向发展。营销团队没有"强制执行"该策略，而是开始着手消除市场部门不同级别之间沟通的障碍。

正如这类教练案例所示，教练说得很少，而团队却在短时间内做了很多。结果是流动能力得到了提升。

教练指导：提升流动能力的对话

教练试图从被指导者的角度看问题，这对教练的内在游戏至关重要。通过学会非评判地聆听客户的意见，教练掌握了内在游戏的核心要素。学会如何聆听，教练自然也就学会了发问，这有助于客户向自己吐露更多信息。教练之所以要提问题，可不是为了提供解决方案，而是为了发现信息，进而帮助客户自行思考并找到自己的解决方案。理想情况下，每次指导谈话的最终结果是，客户离开时感觉自己更有流动能力了。

内在游戏教练指导可以分为三段对话：一段是觉察对话（获得最清晰的当前处境的画面），一段是选择对话（获得最清晰的期望结果的画面），还有一段是信任对话（在这段对话中，客户会获得更多的内在和外在资源，使自己从当前处境流动到期望结果）。觉察、选择和信任这三要素，同样也是学习和专注的基础原则。任何谈话过程中，觉察、选择和信任都是存在的，尽管其中一个可能比其他两个更为突出。

觉察对话　这类对话的目的是，帮助被指导的学员或团队（客户）提高觉察力，比如，认清当前处境的各个要点。教练既要聆听客户在当前状况下看到的突出之处，也要聆听他们认为不显眼的地方。教练会通过提问或陈述的方式，帮助客户集中注意力，使得当前处境的画面变得越来越清晰。这就好比打开了汽车的大灯、擦干净了风挡玻璃。记住，觉察本身就有疗效。主要工具就是将注意力集中到关键变量上。

教练可以从一个非常笼统的问题开始，比如："发生了什么？"然后逐步缩小观察范围。"你在展示产品/服务的好处时,你观察到客户有什么反应?""你从他脸上的表情或他的肢体语言中,观察到什么特别的东西了吗?""你怎么知道他什么时候接受你说的话,什么时候抗拒你说的话?""当你注意到客户的抗拒感时,你做何反应,又采取了哪些行动?"这些问题必须以非评判性的态度提出,否则就会引起客户的防备之心,反而无法提高觉察力。有关觉察的问题不一定要得到答案才能奏效。客户表达出来的觉察就是他们的觉察本身。而觉察水平能表明客户是否需要加强对这个变量的关注。通过觉察对话,客户和教练都能更清楚客户的想法。每个问题的种子通常都埋在上一个问题的回答中。在觉察对话的过程中,客户会自然而然地更具觉察力,更清楚下一次要如何引导注意力。就像所有的教练对话一样,要做的非常简单,那就是要让客户和教练都变得更加有意识,也更有流动能力。

下面是一些开放式的问题,你可以在进行觉察对话的早期阶段使用这些问题:

- 发生了什么?
- 有什么突出之处?
- 当你注视着XX时,你注意到了什么?
- 你对目前的状况做何感想?
- 你对XX了解哪些地方?不了解哪些地方?
- 你怎么界定潜在问题?
- 你如何定义这项任务?
- 这一状况的关键变量是什么?
- 它们彼此有什么关联?
- XX的预期后果是什么?
- 你在这项任务中接受了哪些标准和时间期限?
- 什么一直有效?什么没有奏效?

选择对话 这类对话的主要目的就是提醒客户，他们是有流动能力的——他们有选择的能力，可以朝着他们想要的目标前进。如果觉察对话是从"发生了什么？"这一基础问题开始的，那么选择对话要问的基础问题就是"你想要什么？"。觉察是关于现在的，而选择是关于未来的。

教练致力于帮助客户找出自己真正的承诺。有时候，这意味着要相信客户能实现一个远超他当前水准的成就。教练指导这门艺术，有一部分就是能够感知客户自我 2 的潜在承诺，而不理自我 1 的那套有限概念。但这并不是说，教练能不分青红皂白地把标准定得很高。我们可以把标准设得极高，但它可能会成为对自我 2 的干扰，而不是对其真正能力的认可。

教练通过提出问题，帮助客户尽可能清晰地勾勒出他想要的画面。提出这些问题是要求客户退后一步，思考他所期望的目标背后的目的，而不只是思考目标本身。在这类对话中，客户思考并比较后果，然后作出承诺。这也是一个观察欲望冲突的好时机，如果客户想获得真正的流动能力，就必须先处理好这些欲望。

下面是一些开放式的问题，你可以在进行选择对话时使用这些问题：

- 你真正想要的是什么？
- 你想达成什么目标？
- XX 有什么好处？
- 如果不追求 XX，你要付出什么代价？
- 几周、几个月、几年后，会是什么样子？
- 你对那些结果，有哪些不满的地方？
- 有什么实现目标的可行性方法？
- 你想做哪些改变？
- 此情此景，你最强烈的感受是什么？
- 你为什么要这样做？
- 这与你当前的优先事项有何关联？

第九章 教练指导

- 你对这一行动方案有不满吗?
- 通过这次努力获得的成功对你有什么意义?
- 你可以考虑哪些替代方案?

我对自己或客户最常问的问题之一是:

- 为什么要这么做?

我发现,在区分客户自我2的欲望与我们其他人的各种自我1"议程"时,选择对话最有用。这使客户能够根据自己的目标做出选择,从而有机会实现真正的流动。"承诺"一词通常被客户定义为义务——是对他人的承诺,而不是对自己的承诺。只有当一个人对他人的承诺与他对自己的承诺有关联时,才能实现真正的流动。对于在公司环境中工作的人来说,做到这一点尤其困难。但是,当客户能够找到这种目标的一致性时,就能形成一股和谐的动力,这种动力能让他认清形势,并为他克服重大挑战中的巨大障碍提供助力。

信任对话 也许教练指导对话最重要的结果就是,客户最终感到受尊重、有价值、有能力向前迈进。正是这种对自己和自身潜力的基本信任,使我们相信自己能够获得流动能力。客户会因此感到资源充足,有能力获得必需的内在和外在资源。教练不该不合时宜地充当答案的提供者、问题的解决者或评判者,那会打击客户的信心。

我们继续用汽车的形象来解释流动能力,觉察力就像是大灯让我们看清前路,选择是方向盘,欲望是燃料。客户作为驾驶员,拥有人类的所有内在资源——包括学习和信任的能力,而这两种能力是获取这些资源的关键。

信任自我是所有孩童的天性,因此,教练的工作就是帮助客户消除多年来积累下来的疑虑、恐惧和限制性假定。信任也许是教练对话中最微妙的部分,它也是内在游戏最关键的部分。通过信任对话,客户的自我干扰被减到最少，同时客户对自己能力的认识与信心还能增强。

信任对话需要抛开内在障碍　我认为，信任对话最好由一位熟悉自身内在障碍，并在克服这些障碍方面取得过一些进展的教练来进行。例如，我从没想过棒球巨星贝比·鲁斯会成为一名优秀的棒球教练。他曾说过："当你看到球向你飞来，你就使劲挥棒，把球打过外场屏障。我就是这么做的。"天赋能力是一回事，克服思想上的疑虑和恐惧的经验是另一回事，这种疑虑和恐惧会阻碍自己获得个人能力。

内在游戏教练的独特之处在于，他们能够创造一个环境，最大限度地减少对潜力的干扰。通常，是没有说出来的东西，而不是说出来的东西，创造了这种环境。在不评判、不过度命令、不过度控制的指导过程中，客户意识到自己的双手握在方向盘上，他们具有的能力和智慧远比自我1意识到的还要多。

作为一名教练，学习这项技能没有捷径可走。如果他曾面对过自己的内在障碍，并学会了设身处地为客户着想，那自然就会有这种技能。或许内在游戏教练带给信任对话最大的好处就是，他们对客户的信任比客户对自己的信任还要多。若要信任客户，首先就要充分且深刻地信任自己。这也是我从自己的经历中体会出来的。在我的成长过程中，残酷的事实告诉我，我可以相信许多事物，唯独不该信自己，那些经历大大地削弱了我对自己的信任。不过我真的很幸运，因为我遇到了一些非常好的教练，其中就有EF，我这才逐渐意识到信任我现在称之为自我2的必要性。虽然，我的大多数教练都不曾称自己是教练，但最好的教练有一个共同点，那就是他们让我相信自己，相信我的价值，相信我的能力，尤其是学习的能力。

你可以在进行教练的信任对话时，使用下面这些问题：

- 如果你想怎么做就能怎么做，那你会怎么做？
- 你曾在何时顺利通过了类似的挑战？
- 你为这个状况竭尽全力地投注过哪些品质、特质、能力？

- 上述品质、特质、能力中，哪些是教练本人直接承认的？
- 你在哪里可以找到完成此任务所需的帮助？
- 这项任务最困难的地方是什么？
- 你对当前的状况有多少了解？
- 你觉得第一步是什么？
- 你觉得做XX有多舒服（自信）？
- 需要什么才能让你感觉更舒服？
- 你觉得自己在完成这项任务的方式方法上，什么地方做得最好？

现代企业环境中最大的问题之一就是个人信任的崩溃。当一个人不能信任自己或周围的环境时，他（她）就不容易认识到自己真正的能力以及当前的局限性。然而，尽管我们没有足够的信心，却仍会经常接受一些超出个人或团队能力的任务。在公司环境中，你曾有多少次希望听到有人说"我认为这超出了我目前的能力"，或者直说"我不知道怎么做"。我们只有准确地评估自己的能力，既没有自我1的怀疑，也没有虚张声势，我们才能真正提升能力。毕竟，接受超出自己能力范围的任务或标准，和拒绝接受需要拓展和学习的挑战一样，都会滋生自我怀疑。在信任对话中，教练会提供安全感和鼓励，帮助客户找准自我定位，接受合适的挑战。

指导流动能力：三类对话的有机结合 通过使用这三类对话，内在游戏教练能帮助客户获得流动能力。他会帮助客户摆脱困境，并避开内在和外在障碍。无论客户是个人还是团队，教练都会让客户专注于比赛的外在目标和内在目标，帮助客户保持这两个目标之间的平衡。如此一来，客户不仅完成了外在的工作，还在做事的过程中享受并学习了。无论何时，客户的双手都放在方向盘上。客户依然是自己车辆的驾驶员，而流动能力教练仍旧是乘客。

这三类对话无须按照特定的顺序进行。三个要素息息相关。通常，我都会发现，时间较长的教练指导对话，会在不同的层次上循环多次。不过，

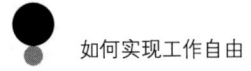

无论哪类对话都要保持非评判性的环境、信任和目的不变。在这样的环境中，我们才会有机会有创意且意想不到地朝着选定的目标前进。客户和教练都可以从指导对话中受益良多。

无论在哪类对话中，教练都会带入一种视角，可喜的是这一视角与客户的表现动量无关。这是因为在操作层面，教练不"在团队中"，因此他可以轻松建立一个"退一步"的视角。教练站在表现动量的假定和要求之外，可以帮助客户"暂停"：退一步，想一想，捋思路，然后再行动。

内在游戏教练的作用

教练的作用就是帮助客户从经验中学习。下面列出了内在游戏教练所能发挥的一部分作用，这些作用可以帮我们认清教练指导的方向，或为我们提供教练指导过程中的关键变量。

内在游戏教练能帮助客户：

- 确定有益的学习目标。
- 确定关键变量，从而提升专注力。
- 保持学习、经验和表现目标的平衡。
- 承认他们的流动能力。
- 坐稳 CEO 的座椅，并留住全部股份。
- 挑出过时的假定和定义。
- 保持任务和目的协调一致。
- 更清楚地掌握时间和任务完成情况。
- 与感受、直觉和创造力密切相连。
- 培养人际交往技巧——平衡团队与任务的完整性。
- 强化技能。
- 运用内在和外在资源。

·保持工作量、能力与时间协调一致。

·识别并克服流动能力的阻力。

内在游戏教练：

·会鼓励客户承认他们的流动能力。

·会创造一个非评判性的环境。

·会提供适当的学习及教练指导工具。

·会根据需要提供另一个视角和见解来源。

内在游戏教练的工具箱

本书中所有的工具和概念都可以在教练指导和学习中使用。我想将下面这部分作为教练的启动工具箱。它会包含一些我们已经讨论过的工具（我分别做了页码标注，以便读者查找），以及一些关于控制和反馈的新工具。

专注于关键变量 这是觉察力对话的主要工具（请参见第56—69页）。它可以同时完成两件事：减少自我干扰，并为表现和学习提供有益的反馈。

对于任何情况或活动，都可以确定一些关键变量。不过，最好将关键变量控制在七个以内。每个关键变量又可以识别出多个次级变量，次级变量的数量也不要超过七个。这能帮我们根据期望目标适当调整焦点。以网球为例，网球的运动可以看作是一个一级变量，而速度、轨迹、方向、旋转和高度则是次级变量。同理，一级变量"客户需求"可以分解为更具体的次级变量，例如客户对利益的理解、紧迫性、偿付能力和竞品提供的东西。

变量不是做某事的指令，而且注意力的焦点。教练聆听客户对某一特定情况或活动的描述时，会注意到哪些变量客户关注到了，哪些没有。通

如何实现工作自由

过回答诸如"你观察 XX 时或考虑 YY 时,注意到了什么?"的问题,教练和客户会变得更加适应客户觉察到的内容。这使得双方都能集中注意力,从而促成更清晰的理解和更有效的学习。

"暂　停"　所有的教练指导都可以看作是在使用"暂停"工具(请参见第 131—148 页)。教练指导通常发生在任务或项目启动前(设置对话)、任务执行过程中或之后(回顾简报)。在"暂停"期间,教练和客户有时间设定目标,确定关键变量,并进行"换位思考",以便最大限度地从即将到来的工作经验中学习。在工作完成后,他们还可以进行一次回顾简报,从而帮助客户消化经验,充分吸收学习的益处。

换位思考　教练不仅可以站在客户的立场上思考(请参见 167—172 页),还可以让客户站在与他们互动的其他人的立场上思考,从而提高客户对与其互动的关键人物的觉察力。当团队成员学会使用"换位思考"工具,许多团队间或人际的冲突都会迎刃而解。一旦客户熟悉了这一工具,教练就可以简单地问一句:"你有没有站在鲍勃、玛丽、客户或最终用户的立场上思考过?"教会客户使用"换位思考"工具,能为客户提供更深刻且丰富的经验。

控制问题　身为一名教练,我认为有三个问题是必不可少的。而这三个问题都涉及控制问题。它们能帮助客户专注于可控的事物,放弃不可控的事物。通常,我不会以下面给出的简单形式使用它们,但是任何指导对话中都能看到它们,特别是在信任对话中。这些问题应该按以下顺序提出:

- 这里有什么是你不能控制的?
- 你一直在试图控制什么?
- 你能控制什么,而你并没有那么做?

第一个问题让人有机会认识到,在他无法控制的情况下,可能有许多变数。以甲和乙之间的商业对话为例,其中甲试图"证明某个观点"或

第九章 教练指导

"推销某个创意",或者说服乙相信某套行动方案的好。乙可以是老板、客户或同事。甲可能会认为自己很聪明,说话也相当老练。但是,甲真正掌控的成功要素又有几个呢?

以下是部分清单:

- 甲无法控制乙对该观点的态度或接受度。
- 甲无法控制乙聆听甲的认真程度。
- 甲无法控制乙的动机、需求或优先事项。
- 甲无法控制乙的时间。
- 甲无法控制乙是否喜欢甲。
- 甲无法控制乙的理解能力。
- 甲无法控制乙如何解读甲的表达。
- 甲无法控制乙最终是否接受甲的观点。

甲可以尝试以理服人、用事实说话或是花哨的演示和讲述技巧。乙要么就接受,造成未来的"买家懊悔"局面;要么就决定不再听下去。

甲可能会生气,并要求乙答复。

而乙可能会固执地说"不"。

那么,甲可以控制哪些因素呢?

- 他对乙的态度。
- 他对学习的态度。
- 他聆听乙的认真程度。
- 他对乙的观点的认可度。
- 他的攻击性。
- 他尊重乙的选择,无论是接受还是拒绝。
- 他对乙的需求、价值取向、欲望的了解程度;站在乙的立场上思考。

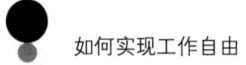

- 他尊重乙的时间。
- 他对自己想法的热情表达。
- 他用在说话与聆听上的时间。

很显然，甲无法控制的每个要素，都是乙如何回应甲的重要因素。甲开始意识到，有很多因素都是他无法控制的。这个发现可能会让甲觉得自己很卑微。

下面是甲曾试图控制的一些因素的列表：

- 甲和乙约了个时间开会，并说明了会议所需的时间。
- 甲提前告知乙会议议题的大致情况。
- 甲细心地概述了他的论点，以及对乙的好处。
- 甲提前做了功课，获得了背景知识和信息。
- 甲已决定，如有需要，他会强势争取乙的认可。

上述每个因素都对甲的成功有促进作用，但显然，哪个因素也不能确保甲能成功。为了控制结果，甲可能会试图控制一些他无法控制的因素，但这样做可能会对他的成功产生不利影响。例如：

- 因为乙没有当场接受，甲可能会尝试"强迫"乙接受。
- 乙感受到压力，于是开始抗拒，寻找各种不接受的理由。

甲对自己可控变量的强势管理，并不能保证乙会接受该观点，但却能提高这种可能性，并对甲乙之间的关系有益。

我发现，无论是在体坛还是商界，对改变的抗拒很大程度上源自过度控制。高尔夫球手想要控制球的飞行轨迹，这会导致他的肌肉过度紧张，反而会让球失去控制。这就像一个管理者试图过度控制他的下属们，这会令下属们"过度紧绷",抗拒承担责任。结果是管理者反而不能真正控制期望的结果。真正的责任感是一种选择,不能被控制;它必须是自愿的。

反　馈　反馈常被认为是教练的主要工具。反馈通常指"对表现的评价"。尽管这一功能可能有帮助,但它也会使教练关系很容易就变成评判关系。还有另外两种反馈很有用,它们不属于传统的表现评价的范畴。

第一种是镜面反馈。镜面反馈的关键是让客户变得更有自我意识。教练指导发问,使学员能够从他对行动及其结果的直接经验中,获得更多的反馈。例如:"XX产生了哪些后果?""你对YY有什么看法?""目前,你的优先事项是什么?""完成ZZ花了多少时间?""这个项目到目前为止花了多少钱?""已经取得了哪些成就?"这些问题的答案不能用对错衡量。这些问题会让客户更清楚地觉察自己的处境。

第二种是非评判性反馈。非评判性反馈是教练说出他注意到的东西。如果球员说:"当我接触到球的那一刻,我感觉自己的重心几乎都压在了前脚上。"教练可能会说:"在我看来,你的重心几乎都在你的后脚上。要不你再打一球试试看?"没有对紧张或错误的评判,反馈的只是教练观察到的情况。同理,教练可以分享对工作状况的看法与见解,他无须进行评价,教练的目的就是提高客户的觉察力,或引发客户的思考。然而,许多人在听取他人的观察结果时,总觉得对方带了感情色彩。知道了这一点,教练就可以做出必要的努力,传达他们无意做出任何判断或评价的态度。

最后,如果评价性反馈是谨慎且有根据的,那么在某些情况下它对客户也是有用的。尤其是当客户难以做出清晰或准确的自我评价时。在给出评价性反馈时,教练应格外谨慎,只对客户的表现进行评估,尽量避免产生对人评头论足的感觉。教练必须觉察到,客户的自我1可能只是在等待机会,它要将表现评价转变为自我评价。若是放任这一情况发生,表现反馈带来的所有好处可能都会被消极的自我评价所销毁。

确实需要评价性反馈时,我们应该遵守下面这些基本原则:

- 针对行为,而不针对行为人。

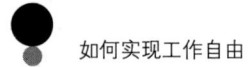
如何实现工作自由

- 要基于对事实的观察。
- 遵循先前商定的评价标准。
- 由有能力进行评估的人员来评估。
- 目的是提高流动能力，例如，清晰度的提高或未来行动的强化。

做自己的教练

我经常被问到这样一个问题："有没有可能自己做自己的教练？"一方面来讲，回答是否定的。教练的优势在于他提供了不同的眼光和不同的视角，在某些情况下，他会端起一面镜子。教练的价值就在于教练不是你，他可以用不同的眼光看待事物。否则，教练不就多余了吗？

但是从另一方面来讲，回答又是肯定的。如果教练指导是为了创造一个学习和表现的环境，那么我们完全可以做自己的教练。不幸的是，通常，为我们创造表现环境的人，正是我们的自我1，而这个环境常会让我们做不到最好。由他人指导的好处之一，就是通过聆听优秀教练的意见，我们可以更容易地忽略自我1的过分挑剔与控制。教练的主要功能之一，就是帮助客户改善他的内在对话，即使教练不在身边，积极的内在对话也能帮助我们更好地学习和表现。所以，或许对这个问题的最佳回答还是肯定的。不管怎样，最重要的是我们要提高自我指导的能力。为此，定期接受他人的良好指导会非常有帮助。

自组织的高管指导方案　　我曾见过许多公司试图"推出"高管指导课程，结果却发现培训教练需要投入大量的时间、精力与金钱，而受训者又没有多大反应。这些课程的失败通常可以归因于两大因素：（1）把教练当成教练来培训，而不是当成学习者来培训；（2）学习者没有看到接受指导的好处，也没有承担起自己成长和发展的责任。

最近，一家名为钻石技术合作伙伴公司的战略咨询公司迅速崛起，其CEO梅尔·伯格斯坦邀请我帮助该公司设计学习战略。作为将数字技术应用于商业战略领域的先驱,该公司有意识地致力于学习,致力于顾问和客户的专业发展。公司希望所有顾问都能接受教练培训,以便他们能够在各自的项目团队中更好地发挥能力。他们相信所学的教练指导技巧也将有益于他们的客户工作。愿意为得到答案而付钱的人,并不容易学会自己提出答案的技能。这在指导顾问如何指导方面是一次特殊的挑战。

于是,我们采取了一种不同的方式。我向顾问们简单介绍了工作的内在游戏后,邀请了一些志愿者,参与研究内在游戏在咨询实践中的应用。每位参与者都会对自己感兴趣的特定应用程序进行"研究"。他们的研究结果将提供给公司里所有感兴趣的人。我没有再布置进一步的课程作业。所有研究工作都会在参与者的本职工作体验中开展。参与者将设定自己的研究目标,提出自己的问题,并给出自己的答案。在与他人分享之前,这些答案的实用性要经过自己工作的检验。

我告诉参与者,这项研究完全由他们自己设计。此外,由于他们必须通过与自己的工作体验互动才能实现学习,所以在拟定出他们的项目目标后,唯一需要他们额外花时间参与的活动就是"学前简报"和"回顾简报"了(请参见"体验三明治",第 88 页)。他们可以通过电话获得指导(由我发起),并且每两周进行一次小组指导对话,直到所有参与者都能自发研究。第一个月里,我要求他们每周花一小时参与。一个月后,每位参与者都可以根据个人收获,自由选择离开或继续项目。

这个设计非常简单,基本不需要后勤支持和经费投入。参与者将亲身体验这种学习方法的好处,有机会与同事分享他们的发现,而且不必刻意去做,他们就能学习教练指导的基本技能。当第一批的参与者能够自发研究时,他们将担任起下一批参与者的教练指导角色,而我作为教练的直接参与任务就结束了。这个项目会自己进行下去,基本不需要公司进行控制。

志愿参与该项目的第一步,就是让每位研究人员提出一个研究目标。为了帮助他们选择,我问了他们三个问题:(1)你现在最感兴趣的是什么?(2)你目前的工作经验"能教你"什么?(3)学会什么能对你和你的同事最有益?下一步就是选择一项工作活动作为研究实验室,并选出关

如何实现工作自由

键变量作为关注的焦点。

以下是参与者最初选择的研究项目：

1号研究员

研究领域：了解客户需求。

研究目标：获得从客户的角度思考问题的能力。

感知到的障碍：关注结果时，以牺牲过程为代价。

研究经验：指导客户会议；团队解决问题的会议。

选定的关键变量：客户的思考过程；我问的问题的数量和种类。

学习工具："换位思考"；"控制问题"；"暂停"。

初步发现："因为我对了解他人和我的思考方式有什么不同很感兴趣，所以我开始提出更多好问题。结果，我得到了更好的答案，同时我也体会到了更强的团队合作感。会议变得更有趣，也更有价值。我的压力减轻了，但我却取得了更好的成绩，并且在这种学习中意外地享受到了乐趣。我特别惊讶地发现，我的团队成员更愿意和我开会了，因为我似乎对他们的想法更感兴趣了，我不会再把自己认为的好处硬塞给他们了。"

2号研究员

研究领域：客户推介演示。

研究目标：如何在高压推介演示时保持镇定并获得能力。

感知到的障碍：焦虑和自我怀疑。

研究经验：高风险——为新客户做的销售推介演示；中风险——为手上的客户工作团队做的项目演示；低风险——关于武术的非商业演示。

选定的关键变量：客户兴趣水平／我的冷静程度。

学习工具："换位思考"；"重新定义"。

初步发现："当我把更多的注意力集中在客户身上时，我发现自己的自我意识没那么强了。我的回答更直观了,客户似乎感觉更受尊重了。结果就是,我的自信心增强了。中低风险活动中的实践经验,最终让我在高风险活动中更加镇定。我还发现,我的大部分压力都是自己在思考过程中制造出来的。"

3号研究员

研究领域:多任务规划。

研究目标:如何简化复杂且相互高度依赖的任务的规划过程。

感知到的障碍:感觉时间太少,有太多事情要做;在高度细致且复杂的任务中,保持优先次序的清晰性。

研究经验:一一完成日常任务清单上的任务。

选定的关键变量:自我引导与他人引导的任务;规划过程的复杂程度;书面计划的数量。

初步发现:"我很惊讶地发现,我对那些我认为'必须要做'的任务的规划,比我对那些我觉得很重要的任务的规划,要复杂得多。这让我开始探索我是如何无意识地毁掉了那些我觉得是被强迫去做的任务的。这引来了一些非常有趣的问题——我要如何选择我要做的工作。我用在制订书面计划上的时间越来越少,我完成重要工作的成就感也越来越强。"

在我写这本书的时候,评价这一方案的长期效益为时尚早。但是,早期的结果却是令人欢欣鼓舞的,这也证明了,在缺少组织的存在或控制下,发起基层学习活动是有可能的。

起初,大多数研究人员在记住学习情境时遇到了一些困难。这是一种新的做法,没有通常的组织激励,需要自律。尽管他们有心向学,但他们却在阻力最小的道路上陷入了表现的干劲中。在他们学习曲线的最初阶段,帮助他们的是一个研究笔记本,里面记录了他们的学前简报和回顾简报中的想法。他们还需要定期参加电话指导课程,这给了他们分享困难和成功经验的机会。教练要学会预估客户心理预期的变化曲线，从开始时的兴致勃勃，到看到过去的习惯和障碍发挥作用时的痛苦失望。

但是，一旦研究人员发现只要花时间坚持下去就能受益，并愿意将新的实践作为他们工作生活的一部分，流动能力就会自然而然出现。这样一来，他们就有信心邀请团队中的其他成员参与这个项目，并开始指导他们。而来自他们当前工作环境的提醒也会增加。他们会听到工作团队之间探讨新的发现和体会，而这事也会变得越来越"正常"。随着参与人数的增加，教练指导的需求就出现了。这种主动自发性的学习会以自己的速度传播，且不会遇到大多数组织改革方案实施中遇到的一般阻力。

教练指导不能在真空中进行。如果学习者不想学习，教练再优秀也无济于事。教练指导就像是在跳舞，而领舞的人不是教练而是学习者。那么，学习者体验到被指导的好处是种什么感受？了解这一感受正是教练学习本职角色的最佳方法。

最近，商业杂志《高管教练》的编辑比尔·布拉泽克对我进行了一次关于内在游戏教练法在商业领域应用的采访。我从这次采访中摘选了几段内容，这些内容突出了一些还未被涉及的教练指导，也再次强调了一些经得起重复的教练指导法。

编辑 您觉得为什么教练指导能在商企界成为如此热门的话题？

作者 因为学习变得更重要了。在所谓的知识经济时代，关键的竞争因素就是你能多好、多快地培养你的员工。而教练的首要任务就是要让客户谨记学习的责任。在内在游戏教练指导法中，客户不仅愿意向教练学习，而且他也愿意承担起从日常经验中学习的责任。

编辑 在您看来，管理者应该成为教练吗？

作者 他们应该学会教练指导，但是这并不等于他们应该放弃自己的主业。管理者／教练要学会在不同的对话中扮演不同的角色。作为一名管理者，他可能会告诉团队："我们必须完成以下任务，这是标准，这是时间线，这些是可用的资源。"然而作为一位教练，他可能会说："既然你已经明确了自己的绩效表现目标，那么为了实现这些目标，你需要学习什么？"教练的首要职责就是帮助学员保持团队合作的完整性，培养达成绩效表现目标所需的技能。教练是一个能让你有安全感的人，你可以和他分享你的缺点、你的错误和你的个人抱负。因此，在某些环境中，如果教练指导责任和管理责任能由不同的人来承担，那么教练指导和管理功能都能得到更好的发挥。

编辑 所以您的意思是，管理者负责制定明确的目标，而教练则帮助员工实现目标？

作者 没错。教练还能帮助个人或团队确保个人目标、团队目标和公司目标和谐一致，从而保证三组目标之间的冲突最小化。

编辑 您觉得内在游戏有助于解决什么样的商业问题？

作者 与人有关的问题。现如今，人的问题比以往任何时候都要多，这些问题通常要由管理者来解决，而管理者原本是负责解决企业制度和项目问题的。在20世纪，员工被嵌入了企业的制度和过程中。而这样的策略在21世纪已经行不通了。企业制度必须为员工工作和成长服务，而不能是反过来的。

编辑 所以，在企业环境中注重内在游戏的应用，企业的制度——也就是组织结构和策略应用的方式方法——将开始与人的因素相融合。

作者 是的，我相信会是这样的。企业领导层越是能认识到人才是他们最重要的资源，他们就越会采用符合人性的业务制度和模式。管理者不能只做个项目管理人，他们还要培养新的人际交往技能。这样才能帮助处于更大业绩压力下的员工们取得成果，并给予他们足够的安全感来学习和成长。我觉得具有讽刺意味的是，竞争日益激烈的新世纪，需要企业变得更加人性化。以前，领导者可能不需要太多技巧，也不必担心人性的弱点和感受，就能取得成功。而现在，如果领导者没有对人文因素的深刻理解和处理能力，就注定会失败。用解雇来威胁员工将不再足以确保合作。最好的员工应该是独立思考的人，如果他们不喜欢自己受到的待遇，他们只会找更好的工作环境。

编辑 我曾在传奇的伍迪·海耶斯执教期间去过俄亥俄州。在那里，你可以清楚地看到他的球员们是多么畏惧他。还有，文斯·隆巴迪，他是另一位寡言少语的教练。然而今时今日，在"强硬"和"温和"之间有千变万化的教练风格。那么，内在游戏教练的风格又属于哪一类呢？

作者 风格是一回事，内容又是另一回事。重要的是要有关爱在其中。教练必须关心被指导的人，而被指导人也需要知道这一点。所以，教练风格有时可以是既强硬又温和的。我曾接受的是"寡言少语"的教练风格，而当年我受益良多，因为我知道教练并不会对我进行人身攻击。但有的时候我也需要一种更包容和鼓励的教练风格。所以，这在很大程度上要取决于形势，以及教练和学员之间建立的关系。我不相信一个良好的教学关系要以恐惧为特征。恐惧通常会导致自我干扰，降低一个人的最佳表现水平。我认为，教学关系应该是相互尊重和信任的关系，在这种关系中，教练要以学员的最大利益为考量。

编辑 这让我不禁想起篮球教练约翰·伍登。在我看来，他更多的是靠自己的价值观来感染球员，而不是靠恐惧来支配球员。

作者 我认识约翰·伍登，我也和他谈到过这件事。我知道他赢得了球员们的尊重，尽管他说话很温和。我也知道他可以非常直接，绝不纵容球员的无稽之谈。我相信他之所以能赢得如此多的尊重，是因为他也是内在游戏的学员。因此，人们才会在认

第九章 教练指导

识到他谦逊品质的同时，认可了他的真正权威。二者的结合缔造了一个教练指导环境，并产生了最优秀的大学篮球纪录。

编辑 说起强硬和温和的教练指导方法，一些人相信，为了提高，我们必须关注负面因素，不能继续自欺欺人。在表现领域，他们似乎主张采取严爱管理方式。关于这一点，您有何看法？

作者 嗯，只要你能从中看到爱，那么严爱管理方式就没有问题。但是严爱管理很容易就失去了关爱，只剩下严厉的愤怒、严厉的批评和严厉的报复。正如我曾说过的那样，教练对学员的关心和尊重必须明确。学员越是能感受到被关心与被尊重，教练才能越强硬。但是，如果你对一个不信任你的人过于强硬，你就会扼杀你试图激活的东西。你只会播种更多的自我怀疑，而不是自信。所以，会关心的教练必须明智地知道什么时候该强硬，什么时候该温柔。

编辑 您曾说过，教练不需要具备被指导领域的专业知识，我对您的这一观点非常感兴趣。这有悖于我们的传统智慧。您愿不愿意和大家分享一下，您为什么会这么想？

作者 首先，我想说明一下，教练具备被指导领域的专业知识，是完全没有问题的，只要这些知识储备不会让客户觉得自己愚蠢或妨碍他学习就行。你知道得越多，就越容易去教授你所知道的内容。但教练指导与其说是告诉客户你知道什么，不如说是帮助客户发现他已经知道的，或是帮他自己去学习。教授的过程需要很长时间，而且那是在传授知识。而教练指导与其说是一个加法的过程，不如说是一个减法的过程，或者说是一个忘却一切阻碍、帮客户实现预期目标的过程。

编辑 教练没有专业知识就能进行教练指导，您能举个例子吗？

作者 我脑海里浮现出一个例子，那是我给休斯顿爱乐乐团做的一次内在游戏的演讲活动。在简短的介绍之后，他们想要一

如何实现工作自由

个示范,大号演奏者自愿参加。我不会弹奏乐器,也从未听过大号独奏。当大号演奏者到台上时,我问他最想学什么。

"我发现最困难的是上半音的发音技巧。"他说。我完全不懂他在说什么,不过我还是请他演奏了一段。我觉得他吹得不错,但他却摇了摇头,显然他对自己的表现并不满意。

"你注意到什么了?"我问。我知道我其实不需要真的懂什么,因为我要依靠他的专业知识。

"音色不是很干净。"

"你怎么知道的?"我问。

"这是个有趣的问题。其实我根本听不到,因为大号的扬音管离我的耳朵太远了。不过,我能从我的舌头上感觉到这一点。"他说。他的话让我离所需的关键变量又近了一步。

"你的舌头怎么了?"

"嗯,在吹一些高音乐段时,我常常感觉舌头干涩且厚重,刚才的曲子中就有这么一段。"

现在,我该知道的都知道了。"刚才那段,再吹一遍吧,不过,这次不要管音符吹得清不清晰。我只想让你在演奏这段曲子时,注意舌头的湿润程度有什么变化。"

他又吹了一遍刚才的曲目,我没听出有什么不同。我这双没受过训练的耳朵,怎么听都觉得不错。但是,其他的乐团成员们却纷纷从座位上站起来为他鼓掌!大号演奏者脸上露出了满意又有些惊讶的笑容。

我没有对这一结果表现出任何特别的兴趣,我只是问他,在演奏这段曲子时,他注意到了他的舌头的什么情况。"我的舌头一直保持湿润,"他说,"我全程都没觉得它厚重。"

"那你觉得这是为什么?"我问,尽管此时我脑海里已经想出了一个答案。

"我感觉更放松了。当您说不要努力保持发音清晰时,压力就消失了,我很好奇我的舌头到底怎么了。"

"也许当你感觉到压力的时候,"我补充道,"焦虑感让你的舌头变得干涩,让你感觉它更厚。但是,当你专注于正在发生的事情时,压力却并不大。你只要甩掉一些恐惧,自我 2 自然就知道该怎么做了。"

编辑 所以,教练在没有技术知识的情况下,也可以帮助客户解决阻碍他最佳表现的问题。

作者 是的。你不要假定客户知道的比他实际知道的是多还是少。你只要准确地掌握客户已知的和需要知道的之间的差距。然后,密切关注经验,往往就能消除干扰,而能拉近差距的学习也会自然而然地发生。如果客户有知识上的不足,他可能会需要去找老师。也许可以通过学习经验来弥补不足。而教练提供的是非判断性的觉察,因此这两种学习才会自然发生。

编辑 我发现这样的教练指导对话花不了多少时间。

作者 确实如此。如果教练不扮演教师或问题解决者的角色,他就不会花费太多时间。一旦建立了信任,并且学员和教练都理解了这个过程,那么,也许教练只提了一个问题,指导就见效了。教练通过简短的对话设定好学习的情境,然后就是客户的一段学习体验,最后再进行一次简短的回顾简报,这就是全部。教练指导是一种杠杆作用很大的活动,时间投入少,回报却很大。

编辑 说到时间,我认为每个想要教练指导的客户,迟早都会需要时间管理方面的帮助。那么,内在游戏原则要如何应用于时间管理呢?

作者 首先,"时间管理"这个词用得就不太恰当。无论我们做什么,时间都会那样流逝,并不受我们的影响。我们没有其他选择,只能待在现在。我们无法活在未来,也不能重活一次。

所以,我们能做的,不过是在我们拥有的时间内,管理我们

如何实现工作自由

要做的事。这当中有几个关键的变量：（1）要知道你要做的事会用掉你的多少时间；（2）要知道你已经许诺出去了多少时间，这样你再做时间许诺时，就不会超出自己所拥有的时间了；（3）要注意你对时间的使用是否与你的优先事项相匹配。只要教练能更清楚地觉察这三个要素，不加以评判，不因压力而加快行动，他们就可以帮助客户最好地利用时间。当我要求人们单纯地观察这些变量时，他们通常都会惊讶地发现自己竟然没有觉察到时间。随着我们的觉察越来越准确，效率和注意力自然就会提高。那么，时间实际上就成了我们的朋友而不是敌人。

编辑 最后一个问题，如果有人想成为高管教练，您会给他什么建议？

作者 学习教练指导有三种方法。最不重要的方法就是理论和训练学习，你可能会阅读一些教练指导方面的资料，或是参加教练指导工作坊。而两种重要的方法分别来自直接的教练经历和被教练经历。对别人的教练指导越多越好，要求别人对你进行的教练指导越多越好。然后吸取成功和失败的经验。如果你不喜欢被教练指导，你恐怕很难成为他人的好教练。我从我的客户身上学到了很多，并不是通过他们告诉我要如何指导，而是通过他们对我的回应。我将注意力放在了那些回应上，同时关注我的自我2的感受与直觉。

无论学习环境如何，我总是会说到觉察力、选择和信任这三大教练指导原则。有了它们，客户的流动能力自然会得到提升。

当企业领导者越来越敏锐地觉察到变革对企业的影响力，他们就会发现学习必须成为企业文化的核心价值。这样一来，他们就会把教练指导当作培养员工学习技能的最佳手段。这一做法在互联网科技和电子商务企业应用最为广泛。

第十章
与生俱来的野心

欲望是推动一切工作的力量。我们的目标一直都是：学习真正的流动能力，有意识地工作，并在工作的同时成为自由的人。

▷ 最重要的问题：我想要什么
▷ 探索核心欲望和野心
▷ 聆听自己感受到的欲望

本书试图重新审视当今文化下我们工作的最基本前提。结果我们发现，工作中，很多时候我们都被一些我们没有意识到的因素所驱动。我们的目标一直都是学习真正的流动能力、有意识地工作，并在工作的同时成为自由的人。最后一章是对欲望的探讨，欲望是推动一切工作的力量。欲望是最个人化、最重要，也是最难触及的因素。但它却正是我们追求的核心要素。

人之初，欲自生

是什么驱使我们采取有目的的行动？是什么激励或推动我们的工作？我们思考的内容主要集中在：我们的工作做得有多好，我们正在完成什么，要如何获得更好的结果。但是，我们却很少反思工作背后的动力，是什么推动我们朝着工作目标不断前行？

一些人可能会认为答案显而易见，根本不值得一问。但还有一些人可能会认为，这问题太深奥了，一本书可能都讲不完。或许这两种看法都对。不管是哪种情况，这都不是一个容易的话题，但我知道没什么比它更重要了。我相信欲望才是工作的核心，欲望也许是人类所有事物的核心。人们常说"有志者事竟成"，但我们把大部分时间花在理解"事"上，很少花时间去理解"志"从何而来。

有一天，我碰上了欲望这个问题。当时我在思考："是什么引发了高尔夫挥杆的动作？"有人说是手，有人说是肩膀，有人说是躯干。然后我意识到："不，引起挥杆动作的是击球的欲望。如果没有击球的欲望，就不会有挥杆的动作。"一个人可能会问自己："我想击中球的什么地方？"然后他可能会想象球在空中飞过，最后落在球道中央。但是这段幻象从何而来？难道只是一个念头就产生了这段幻象，还是一种可以感知到的需要？这一连串的问题，让我踏上了寻找欲望之源的路——一个人是要打高尔夫球，还是做项目。它引出了内在游戏最简单也最重要的一课：一切都从欲望开始。

反思工作中与欲望相关的那些问题：

- 你有多清楚自己想要什么？
- 你到底想要什么？
- 你觉得你与自己的激情和欲望之源连接得怎么样？
- 你有没有过连接越来越密切的感觉？什么时候，又是和什么连接？
- 当你看到自己的不同欲望时，它们是方向一致的，还是朝着不同的方向发散？
- 你的欲望从何而来？——从想法和感受？
- 你如何清楚地区分自己的欲望和他人的期望？
- 你觉得自己能在多大程度上"控制"自己的欲望，而不是被欲望驱使？
- 你在工作时感到自由吗？
- 自由对你意味着什么？
- 你想要自由吗？
- 你怎么知道的？

"**我想要什么？**" 这是人类最基本，也是最重要的问题之一。而"我真正想要什么？"是个更重要的问题。如果你现在还不清楚这些问题的答案，你可以去哪里找呢？书中能找到答案吗？朋友那里能找到答案吗？还是通过思考就能找到答案？对于那些最难的问题，我们可以找研究该主题的专家。但是，谁研究过"你想要什么"这个主题？你难道不是唯一的专家吗？我们每个人都必须独立地回答"我想要什么"的问题。我们必须自己做研究。

　　我要去哪里做这个研究？也许，我会去我脖子上的那座伟大的图书馆——我的脑袋。我会开始思考。也许，答案会包括"我需要工作来糊口，我得付清账单，我得养活自己或家人……得支撑我的生活方式……得活下去……得成功，得被认可……得有所贡献……得改变现状……得做个正常的人……得做个好父亲、好母亲、好人……我应该去工作……我得出人头地……我有义务，也有责任……我工作是因为我有一张长长的任务清单……事实上，我有太多的工作要做，我没有时间问自己'我想要什么'"。

　　我们第一反应想到的很多"想要"，其实都是基于潜在的"不想要"。我们想要一份工作，那是因为我们不想挨饿。我们想要钱，那是因为我们不想承担不付账单的后果。我们努力工作，想给人留下好印象，那是因为我们不想显得愚蠢或被人看不起。我想要周围人想要的，那是因为我不想感到不确定或孤独。也许脑袋不是寻找我真正想要的答案的最佳地点。那里常常充满了相互冲突的信息。也许还有别的地方可以去找找看。

　　"**我的欲望在哪里？**" 我们的欲望从何而来？我们能找到我们称之为欲望的那种感觉吗？我们可以在哪里找到产生工作欲望的感觉？如果我们能找到那种感觉，它会告诉我们，我们真正想要什么吗？

　　尽管欲望是驱动我们工作和生活方方面面的要素，但是从很多方面来讲，我们在欲望这一主题上，还只是处在幼儿园水平。若想探索我们的欲望，可能还需要一点时间，一点耐心，甚至一点反省。所以，即使这可能是个新的领域，也请你一定要坚持下去。找到你的核心欲望和野心，你就能找到身为工作者的核心独立性。它能为你提供燃料，使流动能力成为可

第十章　与生俱来的野心

能。它可以使工作成为一种充实的经历,而不是令人沮丧且压力重重的经历。

感受到的欲望　从根本上说,欲望是一种感受,还是一种思想?

我们可能有意识地与自己的核心欲望关联起来吗?也许光靠我一个人想,是到不了那里的,我必须自己用心感受。年幼时,我还不懂得思考前,不就用的是这种方式吗?我感受到饿的时候,就想要吃东西;我感受到渴的时候,就想要喝水;我感受到困意的时候,就想要睡觉。当我拥有这些欲望时,或当这些欲望得到了满足时,我不必去思考那些"想要"。

我希望自己能与自己在工作中感受到的欲望联系起来。我希望自己能更接近激情的源泉。当我宣布这一点时,我不禁感到有些焦虑。继续照常工作似乎更安全。为什么要捣乱?如果我发现,自己并没有对工作的真正欲望呢?如果我发现,我对自己一直追求的东西并没有真正的欲望呢?

在我的字典里,"欲望"这个词有一条非常简单的解释——"强烈的愿望或渴望"。这则释义似乎指的是一种感受而不是一种想法。如果你单独听到"欲望"二字时,你会想起一幅怎样的画面?如果你在书店里看到一本题为"欲望"二字的书时,你猜这本书会讲些什么内容?

我很惊讶地发现,在英语中几乎没有单词能表达强烈的欲望。诸如"激情""欲念"以及"欲望"本身,往往都和情欲有关。语言的匮乏通常是意义匮乏的标志。我们词汇的不足,也反映了我们缺乏区别,进而造成了文化盲点。

欲望值得信赖吗?　我不清楚你的情况,但我从小就认为我的欲望不可信。理想值得信赖。理性值得信赖。而欲望却值得怀疑。欲望让我远离理性和"我们的"理想。当然,它从未向我解释过,我该到哪里才能找到追逐理想的欲望。而潜藏在暗处的动机则是恐惧,恐惧不追寻理想会带来的后果,恐惧不被接纳,有时恐惧"永远痛苦"。我想象着,同样的这些恐惧也刺激着那些把理想传递给我的人。

从小我受的教育就告诉我,无论我想要什么,我都应该把它交给"上帝"。做"上帝"想要的,而不是你想要的。那是一条安全且正确的道路。

当然，我并不知道"上帝"想要什么，但总是有很多人非常乐意做他的代言人。他们传递的信息很清楚："上帝"想要的和我想要的完全不同。"上帝"很大，而我很小，他手里握着赏罚的权杖。

起初，我认定了"上帝"想要的与我想要的一定正好相反。如果我想说话，那他肯定想要我安静；如果我想玩耍，那他肯定想让我学习；如果我想睡觉，那他肯定想让我醒来；如果我想保持清醒，那他肯定想让我去睡觉。然而一段时间后，我发现我想要的都没有意义，因为不管我想要什么，那都不是正确的做法。为了避免这种冲突，我学会了做别人希望我做的事。因此，随着我渐渐长大，我和自己的欲望渐行渐远。

在大学里，我认识了备受尊敬的心理学大师西格蒙德·弗洛伊德博士。他说上帝不过是个代父的形象，他的话是那样地有说服力。然而遗憾的是，弗洛伊德博士不仅对宗教持批判态度，他也不认可人类欲望的正当性。我明白，他说的我最深沉的欲望，就在我的"力比多"里，那是动物的本能。这一本能让我们一心想要征服，并获得性满足。我的欲望是如此不文明，如果我允许它毫无节制地表达，那对我和其他人都将是灾难。

从弗洛伊德博士那里，我懂得了欲望依然是不可信的，尽管不应该压抑它，但必须"重新定向"它，让它能被社会文化所接受。根据弗洛伊德博士的说法，我们有一些复杂的心理机制，令我们无法太直接地知道力比多真正想要什么。然后，我们有了另一种机制，让我们能够改变或升华这些基本的欲望，使之成为文明的欲望，例如创造力和生产力，当然还有文明的"爱"。

它传达的信息是，如果不是我从社会中学到的东西，我将是一头未驯化的野兽。但是，如果父母、老师和我所在社会中值得尊敬的机构能给我正确的读物、告诉我正确的事物，我就可以超越自己的兽欲，学会做一个"对社会负责任的贡献者"。

就在我回想那些制约我的条件作用时，我惊讶地发现，无论是弗洛伊德的无神论，还是我的宗教成长经历，在根本上并无二致。二者都认为人

第十章 与生俱来的野心

性本恶，需要外力的控制。弗洛伊德告诉我，我需要"文明"，而不是宗教。宗教告诉我，我需要服从"上帝"的戒律。二者都认为我的欲望会给我带来麻烦。我的宗教告诉我，我很坏，但是"上帝"会救赎我；弗洛伊德说，我本质上就很"坏"，但"文化"会拯救我。简言之：我不应该相信我的欲望。可是，如果我不能相信我的核心欲望，那我真的可以相信我自己吗？答案是，不可信赖的不是你，而是你身外的事物。你能信赖的就是你的理性，你应该遵循社会价值。但如果欲望是坏的，那又是什么促使我努力服从理性呢？这个难以启齿的答案和小时候的答案一样，那就是恐惧。"要有责任心，要有成效，否则……"

这种基于恐惧的心理机制，会增加我们对外在控制源的依赖。而这些外在的控制，会内化成自我1判断欲望和行为的概念。如果我失去自我2的自然本能，就会陷入自我1的干扰的恶性循环，那么，在人的尊严、享受、表达和追求卓越的能力方面，我都要付出巨大的代价。

人生来就有自我形成的野心吗？ 对于驱动工作的欲望，或许有一个词最恰当，它就是野心。但这个词略带贬义色彩。我的《韦伯斯特词典》对它的第一条解释也很模棱两可："指对某件事的渴望，有时是过度的欲望。"我的《美国文化传统辞典》对它的解释也同样有些模糊："指渴望或强烈地渴望获得某种东西，如名望或权力。"马克·安东尼著名的葬礼演说词是这样说的："高贵的布鲁图／告诉过你恺撒他野心勃勃；／如果是这样的话，那是一个严重的错误，／而悲痛的是，恺撒真的有野心啊。"

无论悲痛与否，野心一词指的就是一种强烈的欲望或渴求。当我们说"盲目的野心"时，那意味着野心的焦点十分狭隘，无视他人的权利与合理的忧虑。这种欲望是如此强烈，它不会轻易被他人的不同想法所左右，也不会受那些不那么重要的优先事项所阻拦。

我问还在读大一的儿子，他对这个词的第一反应是什么，他回答说："没有野心，你就不会行动起来！"

我喜欢"野心"这个词，因为它指的是一种强烈的、来自内心的渴望。

如何实现工作自由

野心不是别人能教出来的。请容许我玩一下文字游戏，我觉得我们可以把一个人的内在欲望称为"我的野心（am-bition）"，用它来定义来自"我（am）"的强烈欲望。

为了实现一个野心勃勃的目标，我们需要付出巨大的努力，而这努力必须源自强烈的欲望。无论是个人、团队，还是整间公司，在我们设定目标时，都会花时间和精力去观察目标的方向——我们想要实现什么，以及如何实现——但是，我们却不会花时间审视，我们是否有足够的欲望去克服障碍并实现目标。

在体育运动中，没有欲望就不会有卓越表现。若是无心，即便有天赋和头脑，也永远赢不了。所以，工作也需要野心，越重大的工作，就需要越大的野心。或许，反过来说更为准确。野心越大，需要付出的努力就越多。如果野心是我们年少时与生俱来的，那么它到底遇到了什么？我们用它做了什么？

年少时，追求卓越的野心 10 岁的时候，我很自然地有了野心，我想在触球领域出人头地。而这个愿望和我的环境（老师、父母和朋友）没有冲突，他们是支持我的。在弗兰基·阿尔伯特为"淘金者队"效力的那段日子里，我的父亲都会带我去旧金山的金门公园看橄榄球赛。那时的我还小，可我很欣赏这位 1 米 78 的四分卫，他很有才华且敢打敢拼。看着他比赛，激发了我的欲望。那时那刻，我想成为和他一样的球员。比赛结束后，在太阳还没落山前，我就和"一帮孩子"来到街道上，我左臂伸展挡在身前，退后触地传球，把球传给我的接球手。那是单纯的野心。我看到的，就是我想要的。

对我来说，重要的是没有人告诉我要试着像弗兰基·阿尔伯特那样传球，或者教我怎么传球。我看到的是一种可能性，没有任何事物表示我做不到。我的脑海里也没有声音对我说："他能掷 50 码，而你只能掷 25 码。"没人对我泼凉水，没人限制我，我也没有能力不足。只有，"我想那样做"。我偶尔也能传出好球，一样精准、一样能触地。重点并不是我们可以从榜

第十章　与生俱来的野心

样身上获益,而是我们内心的某种东西可以与之呼应、可以受到启发,然后我们可以发挥出更高的水平。这就是我所说的与生俱来的能力。重要的不是它如何工作,而是它真的存在。

我们与生俱来的野心是我们财富中的珍宝。我们若是没有野心,即便有才华和能力,也无法为个人或社会创造价值。我们可以把激情引导向很多不同的方向。一个人可能会为了获得认可和重视而把它引导向名望;一个人可能会为了确保购买力而把它引导向财富;而另一个人可能会把它引导向政治权力。为人父母可能会把他们的激情引导向他们的家庭。很多人可能都已经准备好要告诉你,你要如何引导你的野心,但是,他们不是你。他们不知道你真正想要什么,或者你应该聆听什么。

聆听你感受到的欲望

工作是什么,是我想做什么就做什么,还是我要做我不想做的事情?我能不能和自己年少时感受到的与生俱来的野心更紧密地联系起来?至少,我可以决定去"聆听"它。

一次实验:聆听自我 2 的声音　也许我可以做个实验,这也是项练习,直接聆听你感受到的欲望。我会不带任何先入为主的想法,单纯地去聆听自我 2 说的话,如实地记录下自己不加审查的想法。我会在这里做这个实验,让读者们都能"偷听"到。如果我能从这种欲望中学会聆听和记录,这将是我自己的内在游戏中新的一步。

> 我想唱我的歌。我无暇去做旁的事。别枉费我把它们书写下来的时间。

这几句话着实令人惊讶,但却很真实。我感觉自己更放松了,而且我的底气也更足了。我能看到摆在我面前的选择。我可以选择一边聆听我的想法，一边做记录；我也可以选择聆听这种感受。我不知道自己敢不敢跟随这种感受去写下些什么。我准备好承认这种感受了吗？我准备好承认这种感受真实存在了吗？它开口了，似乎是有话要对我说。它要说的好像和我要写的内容不大相同。如果我试着向它靠近呢？我好像得放弃某种控制权才行。我为什么会犹豫不决？我不知道它会唱什么"歌"。它有什么意义吗？它会被接受吗？对我的读者，对我自己？我感觉自己比平日里更脆弱。我不知道该期盼些什么。但是，我仍为这种可能性感到兴奋。

我会跟随那种感受，去它带我去的地方，聆听它的歌声。也许这首歌对我和读者都会有所帮助。我不知道。我可不是文学巨匠，我不能保证自己的文字可以准确地表达。我会选择忠于这种感受，并跟它前行。我要把我听到的歌词都记录下来。我会继续聆听这种感受到的欲望。我会努力不去欺骗它，不把它变成其他样子。

  我不是谁的奴隶。我不要在压力下工作。我是个有才华的人，我想要展现我的才华。我是自由的，我只会自由地工作。

那声音似乎有些微弱，但却洋溢着勇敢与自信。比起那些要我必须做这做那的声音来，它是那么弱小。它与那劝我尽职尽责的声音截然不同，那声音嘹亮且清晰。我现在正在聆听的，是另一种音调，也是另一种信息。

  回应我。我就是你的感受。我是本源。在我这里你时时刻刻都能找到快乐。
  我为自己而工作。我热爱自己所做的事。我把工作视为生命中最美妙的机遇。工作是我的游戏。但这是有目的的游戏。这目的就是我自己的目的。这目的不是你的出版商的目的，甚至不是你读者的目的。我不只是你身体里的作者、你努力创作的源泉。我就是你身体里的你。我喜欢在各种作品中表达自我。

第十章　与生俱来的野心

同样让我惊讶的是,这个声音用的不是将来时,而是现在时。它没有说"我想自由",而是说"我是自由的"。我耐心地听着,它还有什么要对我说。

> 我不介意有最后期限。我不介意对我有要求。它们是你所玩的游戏的要素。就像打网球的时候,会有赢家也会有输家,球场有底线有边线,球要打过网,这些我都不介意——就像开车时要在路上一样。约束本身并不困扰我。它们就像河流的堤岸。我只是喜欢流动,我能感觉到我正流向大海。河岸、岩石、河床不断变化的坡度,甚至是沿途的水坝,都与我要流向的大海无关。我要流动是因为流动是我的天性。现在的我看起来也许还不够强,但我确实已经造就了自己的动量。一点一滴,我渐渐变成一股不可忽视的力量。这也是我天性的一部分。
>
> 每次你听我说话,就会往我的河流里加上一滴水珠,而我也因此不断成长。一滴滴水珠化作一条小溪。一条小溪汇成一条河流,要不了多久,它就能变为一条奔腾的大江。我的欲望就是这样增长的。从兴趣的火花,到感觉到欲望,再到激情。只要有耐心和信任,我就能成为激情澎湃的江河。

这个声音对我来说很真实,它既熟悉又陌生。我停下来思考,我要做怎样的选择。我突然觉察到自我1那忧虑的声音:"但是,你承诺的时间线要怎么办?大纲要怎么办?公司要怎么办?"

"会有时间考虑那些事情的,但现在不是时候。"我答道。

"可你这是在拖延,你故意落后。"那声音指责道。

在公司工作的经历足以让我知道,不少人都会先完成着急的工作而不是更重要的工作,我绝不是独一份。被"我手头的紧急工作"压得喘不过气来,难道不正是千百万工作者的日常吗?而在所有这些压力的背后,总是存在着不能按时完成工作的财务影响。

我有选择的余地吗？在工作中感到压力是不可避免的吗？我必须忍受着压力继续工作吗？到目前为止，我写下的全部内容归纳起来就是：我不想这样，我想自由地工作。我不想在压力下完成工作，我想要一种完全不同的工作模式。我知道自己永远也不可能成功地完成所有的工作。尚未完成的工作也许会减少，但还会有新的工作增加进来。我能在不感到压力的情况下完成工作吗？你还有别的办法吗？"是的。你可以更精明地工作，用更短的时间完成更多的工作。"我脑海中一个相当高亢的声音说。谢谢你，顾问先生，我很感激你的建议。"你必须更好地安排规划，然后逐个击破。"谢谢你，监工先生。你的那些忠告我听过太多遍了。尽管我不认为你说的话毫无智慧可言。但是一部分的我并不能全盘接受这种传统的建议。当我头脑中的那些需求没有高声呼喊时，我感觉到的是安静的欲望。让我安静下来，再次聆听我欲望的诉说。

外界的需求就在那里。不要拒绝它们。试试看，你能不能让它们汇入我们的溪流。在刚刚过去的几分钟里，我们进展良好。我们正朝着正确的方向迈进。你正在享受这一过程，而一些读者也将受益。也许你能在最后期限内完成，也许不能。未来并非完全可控。把你所有的动机汇入我的河流吧，不要尝试其他方式。把它们带来。我不介意我的小溪里有一点泥巴。我知道如何利用汇入我的所有一切。我的动作能让泥巴沉到水底。在我的自由之河中，你那有压力的工作的浑水将会被澄清。

待到你即将死去的那一天，你终将不再有压力。但那就太迟了，因为那时你也没有时间了。根本没有时间弄清什么是自由。没有时间去了解一个自由的人是如何工作或娱乐的。没有时间了解我。我真的值得你花时间了解。现在就来了解我吧。现在就汇入这条河吧。你一定可以。

第十章　与生俱来的野心

你可以选择为谁工作,是为了那些外在需求,还是为了我——我就是你,而我是自由的。当然你还有另一种选择——那就是忽略你有选择可做。但是那样一来,你就会被其他河流推着走,或者,你也可以与之对抗,而你只会变成这条浑水的支流。

就在你跨过我的界限的那一刻,你就解放了。你能按照自己的选择,自由地来去。但你若来,一定是因你喜欢这里。一定是为了自由而来。从中体会成功吧。

半小时后,我要和一位客户开会。准备的时间不多了。我感觉自己很容易受到"时间不够"的压力。我只想让事情简单些。我想保持清醒。这对我很重要。让我们来看看会发生什么……

会议结束后,我回到了自己的办公室。我用了短时"暂停",对会议的情况做了一番回顾。我的感觉就像打网球"进入化境"般神奇。同样有事半功倍的效果。我只问了客户几个问题,并认真地听完了客户的意见。结果,他自己就提出了我俩都认为新颖且实用的好主意。从外界而来的想法,永远也不能如此不同凡响。会议没有涉及任何内在或外在冲突。我想,如果我所有的会议都能如此这般,我就不会累到精疲力竭了。

当天晚些时候,我收到了客户发来的传真:"一直以来,我都觉得自己像个机器人一样在工作。每天机械且高效地埋头苦干。工作,工作,工作!我们的会面唤醒了我沉寂心底的那部分自我,让我变得更快乐。谢谢……"

在工作中,感觉自己像个机器人的情况并不少见。有时我会这样安慰自己:机械化能让人感觉高效。但是,我该为这种机械效率感到欣慰还是不安呢?假如我能及时完成工作,我就会告诉自己我在有效率地工作。其他人也会赞同我的这种想法。效率是通过外在结果来衡量的。但其他结果呢?工作中人文结果的效率又该怎么衡量?也就是工作会对工作者产生怎样的影响?

这正是问题的核心所在。一旦我将工作定义为外在成就，它必然会成为一种一维的回报。但是当我承认工作会对工作者产生显著影响时，它就会变成一个多维的游戏。你觉得你能指望你的上司或主管对你的工作状态感兴趣吗？他们会在乎你是在"自由工作"还是像个机器似的工作吗？恐怕不会。但是这对你来说却有很大的不同，不是吗？我体内的机器人可以实现许多成果，从而换来金钱和声望的补偿。但是，如果没有自我反省，也没有意识到我作为人类的内在本性，那外在的结果和外在的补偿都无法衡量我的时间的真正价值。

解脱的自由与无限制的自由

我是爱尔兰人，我们爱尔兰人以叛逆而闻名世界。我们反对任何针对个人的限制，我们反对一切妨碍政府公平的举措。然而，我所寻求的自由，仅仅推开牢笼的栅栏还不够。我所追求的自由与其说是一种"解脱的自由"，不如说是一种"为……而追求的自由"。说到这里，我想起一个令人心酸的例子：一只小鸟和其他的鸟一起被关在一个笼子里。一开始，它不断地飞扑向笼子的栏杆，试图逃出去。它的主人为了安抚它，告诉它在这里不用为食物和水发愁，还有漂亮的秋千和亮闪闪的镜子。很快，这只鸟接受了命运，不再试图逃离。后来有一天，一只大鸟落在笼子顶上，打开了笼门。其他一些鸟看见门开着就飞了出去，但是这只小鸟却不明白其中的意思。它已经忘了怎么飞翔。

想要自由工作不仅仅是为了摆脱外在的束缚，不仅仅是为了从过多的需求或不足的供给中解脱出来。自由工作是要获得内在流动能力以及外在流动能力。自由工作是要去享受、成长和满足。自由工作是无限制的自由，自我自由才是真正重要的，也是一个人自出生之时起就想要从万事万物中享受和学习的。面对外在需求，特别是当重要的机构或人员告诉我们他们是最重要的的时候，我们很容易失去与生俱来的自我。当我们被这一说法

第十章 与生俱来的野心

从许多不同的方向包围多年时，我们很难不去相信它，从而忘记几乎被所有人（除了我们的至交密友）都已经忘记的自我。很显然，纠正这一情况的唯一方法就是成为我们自己的至交密友。

我给了这个在我内心沉寂已久的声音自由。它变得愈发大胆。我不会再审查它，而它会跟我讲话。只要你用心去聆听，它也会和你讲话。

> 全世界的工作者们，束缚你们的枷锁并不是由统治阶级、"优等"种族、社会、国家或某位领导人绑上的。它们并非掌握在他人手中，而是在你自己手里。那些人剥削压榨的可不是什么自由，自由在他们眼中一文不值。谁才是你真正的雇主，命令你去承担起每天的工作？你又让谁来判断你的工作量是否充足？你给了谁权力，让其在你面前摆出胡萝卜，用不赞同来威胁你？当你每天清晨醒来时，是谁，将你派去做你所谓的工作？
>
> 在你的"我必须"背后有没有"我想要"？还是你早已遗忘，只把"我想要"当成脑海里的一个念想？如果你已经脱离了自己灵魂的欲望，淹没在"不得不"的海洋，那么站起来吧，推翻你的主人，踏上解放的征程。只有这样，你才能真正成为自己的主宰。
>
> 扪心自问：谁能主宰我的人生，谁比我更有资格？我要服从谁的命令？这些命令背后又潜藏着什么威胁？打破你内在主人的束缚，可能比斩断外在的锁链更困难。因为那些不显眼的枷锁束缚的是你的思想和你的激情。
>
> 如果有一天，你发现打开枷锁的钥匙就掌握在你自己手中，你会打开大门离开吗？即使你被一只仁慈大手放在了监牢外面，并被告知你可以离开，你就会开始寻找另一座安全的监牢吗？空喊一句"我想要自由"，可比真正想要自由容易得多。
>
> 再问一问：谁是你监牢的看守？这位看守的声音似乎是你父亲的？也许他是在用他父亲的口吻在说话？你知道这些命令是从

如何实现工作自由

何而来吗?是来自一位手握奖惩大权的人造神吗?还是这个社会的"上帝"(你必须拥护他,甚至渴望得到他的认可)?他们是令人敬畏的神明。你是否也曾因他们给予的一切而膜拜过他们?你可曾亲自查看过他们到底给予了什么?

如若你选择在工作中自我妥协,你能否承担得起这样做的代价?难道你生命中的每一刻都要被毫无意义的要求所奴役吗?你最宝贵的资源——你的时间——不就被夺走了吗?点燃自己的希望,让决心的火焰尽情燃烧吧。

不要等待社会、公司、老板或同事。你有时间等待吗?解放自我吧。你孑然一身,无须征求谁的许可或认同。不要把你自己的人生交到别人手上。

工作由欲望开始,并归于欲望。争取自由工作的所有努力都必须出于自己内心深处的渴望。只有源自内心深处的渴望才能引导你朝着正确的方向前进。为了自由地工作,我们每个人都必须学会聆听它的提示。踏上这样的旅程,永远都不会太早,永远也不会太迟。

图书在版编目（CIP）数据

如何实现工作自由/（美）W. 提摩西·加尔韦（W. Timothy Gallwey）著；王漪虹译.-- 北京：华夏出版社有限公司，2022.8

书名原文：The Inner Game of Work: Focus, Learning, Pleasure, and Mobility in the Workplace

ISBN 978-7-5222-0327-0

Ⅰ.①如… Ⅱ.①W… ②王… Ⅲ.①成功心理—通俗读物 Ⅳ.①B848.4-49

中国版本图书馆 CIP 数据核字(2022)第 077927 号

Copyright © 2000 by W. Timothy Gallwey.
This translation published by arrangement with Random House, an imprint and division of Penguin Random House LLC.
Simplified Chinese copyright © Huaxia Publishing House Co., Ltd.
All rights reserved.

版权所有，翻印必究。
北京市版权局著作权合同登记号：图字 01-2020-7498 号

如何实现工作自由

著　　者	［美］W. 提摩西·加尔韦
译　　者	王漪虹
策划编辑	朱　悦　卢莎莎
责任编辑	朱　悦　卢莎莎
责任印制	刘　洋
出版发行	华夏出版社有限公司
经　　销	新华书店
印　　刷	三河市万龙印装有限公司
装　　订	三河市万龙印装有限公司
版　　次	2022 年 8 月北京第 1 版　2022 年 8 月北京第 1 次印刷
开　　本	710×1000　1/16 开
印　　张	14.25
字　　数	191 千字
定　　价	59.80 元

华夏出版社有限公司　地址：北京市东直门外香河园北里 4 号　邮编：100028
网址：www.hxph.com.cn　电话：(010)64663331（转）
若发现本版图书有印装质量问题，请与我社营销中心联系调换。